꼭 알아야 할
한국의 야생화 200

글 | 허북구·박석근 사진 | 나문심·박재옥

중앙생활사

머리말

꽃 이름을 알게 되면 꽃이 새롭게 보입니다. 우리 꽃 이름에는 식물의 특성이 함축되어 있는 것, 시대상이 반영된 것, 우리 조상들의 애환이 서려 있는 것 등 많은 수수께끼가 숨어 있습니다. 그 수수께끼를 풀다 보면 이내 꽃과 친해졌음을 느낄 수 있습니다. 겉모습만 보아왔던 꽃의 마음까지도 읽을 수가 있습니다. 그런데도 꽃과 친해지고 꽃의 마음까지도 읽을 수 있는 꽃 이름에 대한 논의와 자료는 거의 없는 실정입니다.

안타까운 마음에 우리 꽃 개개의 형태, 식물학 및 민속학적 특성, 그리고 이름에 대한 옛 이름, 중국 이름, 일본 이름, 영어 이름 및 학명의 뜻과 어원을 찾은 다음 현재의 이름과 상관성을 분석하였습니다.

비록 의욕과는 달리 미천한 지식과 능력으로 인해 성긴 문장과 박약한 내용으로 꾸며졌지만 식물의 내외적 특성, 인간과의 관계가 반영되어 있는 우리 꽃 이름의 유래를 아는 데, 그리고 궁금할 때 우리 꽃을 쉽게 찾는 데는 도움이 될 것으로 생각됩니다.

아울러 꽃의 형태와 색깔이 아닌 이름의 유래라는 또 다른 길을 통해 우리 꽃의 세계로 들어서 보는 즐거움을 누려보길 권해 보면서, 이 책을 서술하는 데 자료 등 도움을 주신 채정기 선생님, 독자분들과 만날 수 있도록 해주신 중앙생활사 김용주 대표님과 관계자 여러분께 특별한 감사를 드립니다.

♣ 머리말 / 2
♣ 우리 꽃 이름의 기초상식 / 8

ㄱ

가시연꽃 / 16
각시수련 / 17
각시취 / 18
개구리발톱 / 19
개구리밥 / 20
개구리자리 / 21
개미자리 / 21
개미취 / 22
개별꽃 / 23
개불알꽃 / 24
갯완두 / 26
거북꼬리 / 27
고깔제비꽃 / 28
고사리 / 29
골무꽃 / 30
곰취 / 31

광대수염 / 33
광릉요강꽃 / 34
괭이눈 / 36
괴불주머니 / 37
구름국화 / 39
구절초 / 38
금강초롱 / 40
금낭화 / 41
기린초 / 42
기생꽃 / 43
까치수염 / 44
깽깽이풀 / 45
꽃며느리밥풀 / 46
꽃창포 / 48
꿀풀 / 49
꿩의다리 / 50
끈끈이주걱 / 52

ㄴ

나도옥잠화 / 54
나도하수오 / 54
나비나물 / 55
낙지다리 / 56
노랑붓꽃 / 57
노루귀 / 58
노루발풀 / 59
노루오줌 / 61
누린내풀 / 62

ㄷ

다닥냉이 / 64
다람쥐꼬리 / 65
단풍제비꽃 / 66
단풍취 / 67

차 례

닭의장풀 / 68
닻꽃 / 69
도깨비부채 / 70
도깨비사초 / 70
도둑놈의갈고리 / 71
도라지 / 72
돌단풍 / 73
동자꽃 / 74
된장풀 / 75
두루미꽃 / 76
두메양귀비 / 77
둥굴레 / 78
땅나리 / 80

ㅁ

말나리 / 83
매발톱꽃 / 82
며느리밑씻개 / 84
며느리배꼽 / 85
물레나물 / 86

물매화풀 / 87
물봉선 / 89
미꾸리낚시 / 91
미나리아재비 / 92
미치광이풀 / 94
민둥제비꽃 / 94
민들레 / 95

ㅂ

바람꽃 / 98
바위돌꽃 / 100
바위떡풀 / 101
바위솔 / 102
바위취 / 103
방울새란 / 105
백리향 / 104
백양꽃 / 105
뱀딸기 / 106
벌개미취 / 107
벌노랑이 / 109

범부채 / 110
범의귀 / 111
벼룩이자리 / 111
별꽃 / 112
병아리다리 / 112
보춘화 / 113
복수초 / 114
봄맞이꽃 / 115
부들 / 116
붓꽃 / 118
비비추 / 120

ㅅ

사위질빵 / 122
산마늘 / 123
산오이풀 / 124
삼백초 / 126
삼지구엽초 / 127
삿갓풀 / 128
상사화 / 129

새끼노루귀 / 130
새우난초 / 131
석산 / 133
섬초롱꽃 / 135
손바닥난초 / 136
솔나리 / 136
솔나물 / 137
솔붓꽃 / 138
솜나물 / 138
솜다리 / 139
쇠서나물 / 139
수련 / 140
수선화 / 142
수염가래꽃 / 144
술패랭이꽃 / 145
실꽃풀 / 145
쓴풀 / 146
씀바귀 / 146

ㅇ

알록제비꽃 / 148
애기똥풀 / 149
애기마름 / 150
앵초 / 151
양지꽃 / 152
어리연꽃 / 153
어수리 / 154
얼레지 / 155
여름새우난초 / 156
여우꼬리사초 / 157
여우주머니 / 158
연꽃 / 159
오이풀 / 160
옥잠화 / 161
올챙이자리 / 162
왜솜다리 / 162
외대바람꽃 / 162
용담 / 163

용머리 / 164
우산나물 / 165
원추리 / 166
은방울꽃 / 168
이른범꼬리 / 169
이질풀 / 170
익모초 / 171
인동덩굴 / 172

ㅈ

자라풀 / 174
자란 / 175
작약 / 176
잠자리난초 / 177
장구채 / 178
제비꽃 / 179
제비난초 / 182
제비붓꽃 / 182
족도리풀 / 183

쥐오줌풀 / 184
지네발란 / 186
지리터리풀 / 187
질경이 / 188

ㅊ

차풀 / 190
참나리 / 191
참새피 / 193
참취 / 192
처녀치마 / 194
체꽃 / 195
초롱꽃 / 196
촛대승마 / 197
층층둥굴레 / 197

층층이꽃 / 198

ㅌ

타래난초 / 200
타래붓꽃 / 201
터리풀 / 200
털중나리 / 202
톱풀 / 203
투구꽃 / 204

ㅍ

파리풀 / 207
패랭이꽃 / 206
풍란 / 208

풍선난초 / 209
피나물 / 210

ㅎ

하늘나리 / 212
하늘말나리 / 214
할미꽃 / 215
해오라비난초 / 217
헐떡이약풀 / 218
홀아비꽃대 / 218

♣ 다른 이름으로 찾기 / 220
♣ 학명으로 찾기 / 226
♣ 참고문헌 / 232

우리 꽃 이름의 기초 상식

1. 이름의 의의

지구상에 존재하는 수많은 식물 가운데 종자식물은 세계적으로 25만종, 우리나라에 약 4천종(귀화식물이나 원예종은 제외)이 있다고 한다. 이렇게 많은 식물 하나 하나에는 모두 이름이 있다. 동성동명이 많은 사람과 달리 별명과 방언을 제외하면 같은 이름이 거의 없는데, 바로 이 점이 식물 각각을 구별할 수 있게 하고 표현수단으로서 식물에 대한 커뮤니케이션을 가능하게 한다.

이러한 식물의 이름은 각 식물의 형태적, 생리적 특성을 나타낼 수 있는 어휘로 명명되는 경우가 많다. 따라서 식물명의 어원을 이해하면 식물의 특성을 쉽게 알 수 있고 정확하게 구별할 수도 있어 이용 시 혼돈을 막을 수 있다. 결국 식물에 대해 알고자 한다면 그 이름의 유래를 알지 않으면 안 되는 것이다. 우리도 누군가가 이름을 다르게 불러주면 기분이 나쁜 것처럼 식물도 틀리게 불러주거나 모른다고 하면 섭섭해 할 것이다. 이제부터는 야생초, 잡초, 나무, 덩굴 등으로 뭉뚱그리지 말고 정확한 이름을 불러주자. 아는 만큼 보이고 보이는 만큼 사랑하게 될 것이다.

2. 이름의 종류

식물의 이름은 보통 이름과 학명으로 나뉜다. 보통명은 다시 정명(正名)과

이명(異名)으로 나뉘는데, 정명은 우리나라 사람들이 가장 폭넓게 사용하는 표준명이다. 참고로 우리 꽃과 식물 이름의 표준명화는 1937년 조선박물학회에서 〈조선식물향명집(朝鮮植物鄕名集)〉을 발간함으로써 처음 시도되었다. 이명은 정명 이외의 호칭으로 지방의 방언도 포함된다. 학명은 학문상으로 사용되는 이름으로 식물학자들에 의해 명명되어 라틴어 또는 라틴어화 말이 사용되고 있다. 학명은 각국 공통이라는 것이 특징이며, 기본적으로 속명, 종명과 명명자로 구성된다.

예) 은행나무

Ginkgo	*biloba*	Linne
속명	종명	명명자

3. 꽃 이름의 유래 유형

식물명에는 각각의 의미가 있어 그 유래를 아는 것은 흥미로울 뿐만 아니라 식물에 가까이 가고 그 세계에 들어가는 지름길이다. 식물 이름의 유래는 크게 언어와 의미에 따라 찾아 볼 수 있다. 언어에 따라서는 토박이말과 외래어 이름에서 유래된 것이 있고, 의미 측면에서는 식물 전체의 느낌, 식물기관의 형태, 성질 및 상태, 숫자, 화학적 성분 및 성질, 식물의 생활습성, 인간생활과의 관계, 동물이나 사물에 비유한 것, 생육지, 신화, 전설, 설화, 기타에서 유래된 것 등으로 구분이 가능하다.

4. 꽃 이름에 붙이는 말의 유래

식물이름에서 접두어는 식물에 대한 많은 정보를 제공해 주지만 워낙 개별성이 강해 일정하게 유형화 시키기가 쉽지 않다. 다음의 접두어는 어느 정도 무리 지을 수 있는 것들이다.

(1) 자생지를 나타내는 말
- 갯 : 해안 갯벌이나 계곡, 냇가 따위에서 자라는 데서 유래
  ⑩ 갯개미취, 갯버들, 갯완두, 갯취, 갯메꽃, 갯무, 갯바랭이, 갯방풍, 갯보리, 갯사초, 갯질경이
- 골 : 습한 골짜기에서 자라나는 데서 유래
  ⑩ 골고사리, 골등골나물, 골병꽃나무, 골잎원추리, 골사초
- 구름 : 높은 산지에서 자라거나 꽃, 잎들이 뭉쳐 피어 구름과 같은 형상을 한 데서 유래
  ⑩ 구름국화, 구름떡쑥, 구름범의귀, 구름병아리난초, 구름송이풀, 구름체꽃, 구름패랭이꽃, 구름사초, 구름제비꽃, 구름제비란
- 두메 : 고산지역을 나타냄
  ⑩ 두메담배풀, 두메분취, 두메양귀비, 두메자운, 두메투구꽃, 두메고들빼기, 두메괴불나무 두메꿀풀, 두메냉이, 두메닥나무, 두메대극, 두메바늘꽃, 두메박새, 두메부추, 두메솜방망이, 두메양지꽃 두메잔대, 두메취
- 벌 : 확 트인 벌판에서 자라나는 데서 유래
  ⑩ 벌개미취, 벌노랑이, 벌씀바귀, 벌등골나물, 벌깨풀, 벌사초, 벌완두, 벌사상자
- 물 : 습기가 많은 곳에서 자라는 데서 유래

@ 물매화, 물봉선, 물싸리, 물솜방망이, 물골풀, 물꼬리풀, 물머위, 물미나리아재비
- 돌 : 야생 혹은 돌이 많은 곳에서 자라는 데서 유래
  @ 돌단풍, 돌마타리, 돌바늘꽃, 돌양지꽃, 돌창포, 돌나물, 돌꽃, 돌매화, 돌동부, 돌방풍, 돌앵초, 돌외, 돌콩, 돌팥
- 바위 : 바위에서 자라는 데서 유래
  @ 바위미나리아재비, 바위솔, 바위채송화, 바위송이풀, 바위구절초, 바위돌꽃, 바위떡풀
- 산 : 높은 산에서 자라는 데서 유래
  @ 산구절초, 산꼬리풀, 산돌배, 산부추, 산수국, 산솜방망이, 산씀바귀, 산오이풀, 산옥매, 산용담, 산짚신나물, 산골무꽃, 산괭이눈, 산달래
- 섬 : 육지와는 단절된 섬에서만 자생하는 데서 유래, 대부분의 경우 울릉도 특산 식물을 말한다.
  @ 섬갯장대, 섬국수나무, 섬기린초, 섬단풍, 섬말나리, 섬바디, 섬백리향, 섬쑥부쟁이, 섬자리공, 섬초롱꽃, 섬딸기, 섬제비꽃, 섬천남성, 섬현삼, 섬시호, 섬쥐손이, 섬제비쑥

(2) **진위를 나타내는 말**
- 참 : 진짜라는 의미에서 유래
  @ 참갈퀴덩굴, 참개별꽃, 참개암, 참나리, 참당귀, 참바위취, 참으아리, 참솜쌀풀
- 나도 : 원래는 완전히 다른 분류군이지만 비슷하게 생긴 데서 유래
  @ 나도고추풀, 나도국수나무, 나도냉이, 나도바람꽃, 나도송이풀, 나도양지꽃, 나도옥잠화
- 너도 : 원래는 완전히 다른 분류군이지만 비슷하게 생긴 데서 유래

예) 너도고랭이, 너도바람꽃, 너도골무꽃
- 개 : 기준을 삼을 수 있는 식물에 비해 품질이 낮거나 모양이 다르다고 여긴 데서 유래

  예) 개구릿대, 개다래, 개망초, 개머루, 개쑥부쟁이, 개양귀비, 개여뀌, 개연꽃, 개오동
- 뱀 : 뱀과 관련이 있는 데서, 혹은 기준을 삼을 수 있는 식물에 비해 품질이 낮거나 모양이 다르다고 여긴 데서 유래

  예) 뱀고사리, 뱀무, 뱀딸기
- 새 : 기준을 삼을 수 있는 식물에 비해 품질이 낮거나 모양이 다르다고 여긴 데서 유래

  예) 새머루, 새모래덩굴, 새콩, 새팥, 새완두, 새삼, 새사초

(3) 식물기관의 특성을 나타낸 말
- 가는 : 잎이 가는 데서 유래

  예) 가는잎구절초, 가는잎돌쩌기, 가는장구채, 가는오이풀, 가는층층잔대
- 가시 : 가시가 있는 데서 유래

  예) 가시여뀌, 가시연꽃, 가시오갈피, 가시엉겅퀴, 가시아욱
- 갈퀴 : 갈퀴가 있는 데서 유래

  예) 갈퀴나물, 갈퀴덩굴, 갈퀴꼭두서니
- 긴 : 꽃 또는 식물체의 일부분이 긴 데서 유래

  예) 긴담배풀, 긴병꽃풀, 긴사상자, 긴산꼬리풀, 긴오이풀, 긴분취
- 끈끈이 : 끈끈한 즙액이 있는 데서 유래

  예) 끈끈이귀개, 끈끈이대나물, 끈끈이주걱, 끈끈이여뀌, 끈끈이장구채

- 선 : 줄기가 곧게 선 데서 유래

  예 선괭이밥, 선사초, 선이질풀, 선씀바귀, 선제비꽃, 선괭이눈, 선메꽃

- 우산 : 잎이 우산 같은 데서 유래

  예 우산나물, 우산잔대, 우산방동사니

- 털 : 털이 있는 데서 유래

  예 털머위, 털사철난, 털여뀌, 털제비꽃, 털중나리, 털쥐손이, 털딱지꽃, 털사초

- 톱 : 톱 모양의 거치가 있는 데서 유래

  예 톱잔대, 톱풀, 톱바위취, 톱분취

(4) 색을 나타낸 말

- 금, 은 : 식물의 색이 금, 은색인 데서 유래

  예 금마타리, 금방소사니, 금붓꽃, 금새우난초, 은난초, 은양지꽃, 은대난초

- 광대 : 광대와 같이 울긋불긋한 데서 유래

  예 광대싸리, 광대버섯, 광대작약, 광대나물, 광대수염

(5) 초형의 크기를 나타낸 말

- 각시 : 초형이나 키가 작은 데서 유래

  예 각시둥굴레, 각시붓꽃, 각시원추리, 각시제비꽃, 각시마, 각시취

- 땅 : 초형이나 키가 작은 데서 혹은 꽃의 방향에서 유래

  예 땅나리, 땅비싸리, 땅채송화, 땅빈대, 땅귀이개

- 애기 : 초형이나 키가 작은 데서 유래

  예 애기괭이눈, 애기나리, 애기마름, 애기메꽃, 애기부들, 애기원추리, 애기현호색

- 왜 : 키가 작거나 일본이 원산지인 데서 유래

예 왜개연꽃, 왜솜다리, 왜승마, 왜현호색, 왜제비꽃, 왜당귀, 왜골무꽃

- 좀 : 키가 작은 데서 유래

  예 좀가지풀, 좀고추나물, 좀꿩의다리, 좀냉이, 좀붓꽃, 좀참꽃나무

- 병아리 : 초형이나 키가 작은 데서 유래

  예 병아리난초, 병아리방동사니, 병아리풀, 병아리다리

- 큰 : 초형이나 키가 큰 데서 유래

  예 큰개별꽃, 큰수슬봉이, 큰까치수영, 큰꽃으아리, 큰복주머니꽃(광릉요강꽃), 큰앵초, 큰제비고깔, 큰톱풀

- 왕 : 키가 큰 데서 유래

  예 왕고들빼기, 왕괴불나무, 왕머루, 왕바랭이, 왕제비꽃, 왕원추리, 왕골, 왕갈대, 왕모시풀, 왕별꽃

- 참 : 초형이나 키가 큰 데서 유래

  예 참갈퀴덩굴, 참개암, 참나무, 참나리, 참당귀, 참고추냉이, 참골풀, 참깨, 참꿩의다리

- 말 : 초형이나 키가 큰 데서 유래

  예 말나리, 말냉이, 말냉이장구채

- 수리 : 초형이나 키가 큰 데서 유래

  예 수리취

- 선, 눈 : 식물체가 직립해 있거나 누워 있는 데서 유래

  예 선가래, 선갈퀴, 선쾡이눈, 선쾡이밥, 선메꽃, 눈개승매, 눈개쑥부쟁이, 눈범꼬리, 눈비름, 눈사초, 눈양지꽃

가시연꽃 *(Euryale ferox)*   수련과

♣ 개화기 7~8월

가시연꽃은 '가시 + 연꽃' 형태로 이루어진 이름으로 식물체에 가시가 있는 연꽃이라는 데서 유래된 이름이다. 다른 이름에는 개연, 가시연, 가시련(북한) 등이 있다.

각시수련 *(Nymphaea tetragona* var. *minima)*   수련과

♣ 개화기 7~8월

각시수련은 수련을 기본 종으로 하여 '각시 + 수련' 형태로 이루어진 이름이다. 각시는 고유말 가시가 '갓시 → 갓시 → 각시'의 과정을 거쳐 이루어진 말로 갓 시집온 새색시를 이르는 말이지만 식물이름에서 접두어로 사용될 때는 주로 작고 귀여운 것을 나타내는 말이다. 그러므로 작고 귀여운 수련이라는 뜻에서 유래된 이름이다. 다른 이름에는 애기수련이 있다.

각시취 *(Saussurea pulchella)* 국화과

♣ 개화기 8~10월

각시취는 취를 기본 종으로 하여 '각시 + 취' 형태로 이루어진 이름이다. 식물의 이름에서 각시는 작고 귀여운 것을 나타내는 말이고 취는 현대말 채(菜)와 비슷한 옛날말로 나물이나 푸성귀를 나타내는 데 쓰인 말이다. 다른 이름에는 참솜나물, 나래솜나물, 가는각시취, 홑각시취, 민각시취(북한) 등이 있다.

개구리발톱 *(Semiaquilegia adoxoides)* 　　　　　　　미나리아재비과

♣ 개화기 4~5월

개구리발톱은 개구리와 발톱이 따로 차용(借用)되어 결합한 이름이다. 개구리는 이 식물의 서식지에 개구리가 많이 있는 데서 유래되었을 것이다. 발톱은 개구리의 경우 인간과 같은 발톱이 없는데도 차용(借用)되었다. 이는 식물도감에 개구리발톱의 꽃이 매우 작은(지름 4~5mm) 매발톱꽃 모양을 이루고 있다는 기술이 있는 것으로 보아 같은 과에 속하는 매발톱꽃에서 발톱을 차용한 것으로 여겨진다. 다른 이름에는 개구리망, 섬개구리망, 섬향수풀, 섬향수꽃 등이 있다.

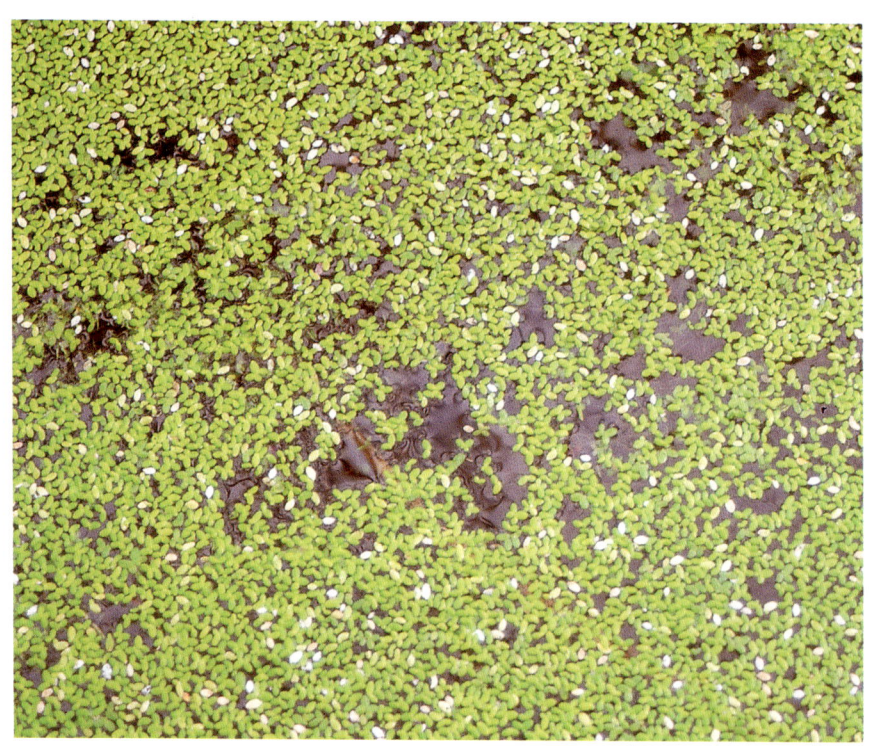

개구리밥 *(Spirodela polyrhiza)* 　　　　　　　　　　개구리밥과

♣ 개화기 7~8월

개구리밥은 개구리가 많이 사는 연못의 수면에 밀생하는 식물로 개구리들이 밥으로 먹는 식물이라는 데서 유래된 이름이다. 다른 이름에는 부평초, 머구리밥 등이 있다. 부평초(浮萍草)는 떠돌아 다니는 개구리밥풀이라는 뜻의 한자어로 뜰 浮(부)자, 개구리밥 萍(평)자, 풀 草(초)자로 이루어진 이름이다. 머구리밥은 '머구리 + 밥' 형태로 머구리는 개구리의 옛말이다. 옛 국문책들인 〈두시언해〉, 〈훈몽자회〉를 비롯한 15~16세기의 많은 책들에는 개구리를 머구리라고 표기하고 있는데, 이는 개구리의 울음소리가 머굴머굴 한다는 데서 붙인 말이었다.

▲ 개미자리

개구리자리 *(Ranunculus sceleratus)*   미나리아재비과

♣ 개화기 5~6월

개구리자리는 '개구리 + 자리' 형태로 구성된 이름이다. 개구리는 양서류로 물가에 살며, 자리는 어떤 대상이 차지하거나 차지할 수 있는 표면에서의 공간을 뜻한다. 그러므로 개구리자리라는 이름은 개구리가 많이 있는 물가에 이 식물이 많이 발견된다는 데서 붙여진 것이다. 다른 이름에는 놋동이풀, 늪바구지(북한) 등이 있다. 속명 *Ranunculus*는 작은 개구리라는 뜻의 라틴어에서 유래된 것으로 이 속의 식물이 주로 물가에 생육함을 나타낸다.

개미자리 *(Sagina japonia)*   석죽과

♣ 개화기 6~8월

개미자리는 이 식물의 서식처에 개미들이 많이 있는 것과 함께 모양이 작은 데서 유래된 이름으로 여겨진다. 다른 이름에는 수캐자리, 개미나물(북한) 등이 있다.

개미취 *(Aster tataricus)* 국화과

♣ **개화기 7~10월**

개미취는 '개미 + 취' 형태로 이루어진 이름이다. 개미는 꽃대에 개미가 붙어 있는 것처럼 작은 털이 있는 데서 유래된 것으로 취를 기본 종으로 해서 붙은 이름이다. 다른 이름에는 자원, 들개미취가 있다.

개별꽃 *(Pseudostellaria heterophylla)* 　　　　　　　　　　석죽과

♣ 개화기 5월

개별꽃은 '개 + 별꽃' 형태로 이루어진 이름이다. 식물 이름에서 접두어 개- 는 그 식물이 비슷한 류의 다른 식물들에 비해 열등함을 나타내는 경우가 많다. 기본적으로 식물에는 우열이라는 개념이 적용될 수 없지만 식물의 크기가 작거나 식물의 일부(꽃, 잎 등)가 작은 것 혹은 인간생활을 기준으로 유용하게 쓰이지 않는 것을 가리키는 데 사용된다. 개별꽃에서 접두어 개도 산에서 자라며 별꽃에 비해 변변치 못하다는 의미를 나타낸 것이다. 한편 별꽃은 작은 별 모양의 꽃이 밤하늘의 은하수처럼 한꺼번에 피는 데서 유래된 이름이다. 야생의 별꽃이라는 뜻에서 들별꽃(북한)이라 불리기도 한다.

▲ 개불알꽃

개불알꽃 *(Cypripedium macranthum)* 　　　　　　　난초과

♣ 개화기 5~6월

개불알꽃은 꽃 모양이 개불알처럼 생겼다 해서 붙여진 이름이다. 개불알꽃의 다른 이름에는 요강꽃, 까마귀오줌통, 불알꽃, 복주머니, 복주머니난, 복주머니난초가 있다. 까마귀오줌통은 이 꽃에서 나는 지린내 때문인 것으로 생각되며, 요강꽃은 꽃의 모양을 요강에 비유한 것으로도 생각되지만 이 역시 냄새와 관련이 있을 것이다. 복주머니, 복주머니난, 복주머니난초는 개불알꽃이라는 이름이 천박하다는 이유로 개명한 데서 연유한다. 개불알꽃이라는 천박한 이름이 이 꽃의 아름다움을 훼손한다고 하면서 시비를 거는 사람들이 있었던 것이다. 외국 꽃 이름들은 아름답고 낭만적인데 우리의 꽃 이름은 왜 이렇게 험악하냐는 것이다. 그런데 사실 아름답게 들리는 외국 꽃 이름들도 그 어원과 내막을 따지고 보면 사자이빨, 사슴불알, 노란말똥 등 누추하고 외설스런 뜻을 지니고 있는 것이 허다하다. 오늘날 요조숙녀들이 능숙하게 부르고 있는 난의 영어 이름 Orchid도 불알(睾丸)이라는 뜻에서 유래된 이름이고 보면 개불알꽃은 그래도 점잖은 이름이다.

갯완두 *(Lathyrus japonicus)*   콩과

♣ 개화기 5~6월

갯완두는 '갯 + 완두' 형태로 이루어진 이름이다. 갯은 냇가 혹은 해변가에서 자란다는 것을 나타내는 식물명 구성요소이므로 식물명에 이것이 붙으면 냇가 혹은 해변가 모래밭에서 자라는 것을 의미한다. 완두는 생김새가 완두콩과 같이 생긴 데서 유래한 것이므로 이 식물의 이름은 해변가에서 자라며 완두와 비슷하다는 데서 유래되었을 것이다. 한편 완두(豌豆)는 〈본초강목〉에 "모종(苗)이 부드럽고(柔) 약해(弱)서 완완(宛宛)이며, 이것에서 완두(豌豆)라는 이름이 유래되었다"라고 기록되어 있다.

거북꼬리 *(Boehmeria tricuspis)*   쐐기풀과

♣ 개화기 7~8월

거북꼬리는 잎의 모양이 사각형이면서 끝이 뾰족하여 거북의 꼬리와 유사함에서 유래된 이름이다. 다른 이름에는 큰거북꼬리가 있다.

고깔제비꽃 *(Viola rossii)*   제비꽃과

♣ 개화기 4~5월

고깔제비꽃은 '고깔 + 제비꽃' 형태로 이루어진 이름이다. 고깔은 본래 머리에 쓰는 뾰족한 갓이란 말로 갓의 옛날 말인 곳갈이 변한 것이다. 곳갈에서 곳은 송곳의 곳과 같은 말로 뾰족한 것을 의미하며 갈은 칼의 옛날말 갈과 같은 뜻의 말이었다. 결국 고깔은 뾰족한 것을 의미하는데 오늘날에는 농악무를 추는 사람들의 머리에 쓰는 물건을 말한다. 한편 제비꽃은 이 식물이 제비꽃 종류임을 나타낸다. 그렇게 볼 때 고깔제비꽃은 제비꽃 종류로 꽃이 필 때 잎의 기부 양측이 안쪽으로 말려서 고깔처럼 되는 데서 유래된 이름이다. 다른 이름에는 고깔오랑캐가 있다.

고사리 *(Pteridium aquilinum* var. *japomcum)*   고사리과

고사리는 원래 곡사리(曲絲里)라는 이름의 곡에서 'ㄱ'이 탈락되어 고사리로 된 것이다. 본래 이름인 곡사리는 고사리의 새순이 나올 때 줄기가 말린 모양(曲)과 실 같이 하얀 것(絲)이 식물체에 붙어 있는 데서 유래된 이름이다.

골무꽃 *(Scutellaria indica)*

꿀풀과

♣ 개화기 5~6월

골무꽃은 '골무 + 꽃' 형태로 이루어진 이름이다. 골무는 바느질 할 때 바늘을 누르기 위하여 손가락 끝에 끼우는 물건인데 꽃이 이 골무의 모양과 비슷한 데서 유래된 이름이다.

▲ 곰취

곰취 *(Ligularia fischeri)*　　　국화과

♣ 개화기 7~10월

곰취는 곰이 뜯어먹는 나물이라는 뜻에서 유래되었다는 설과 둥글넓적한 잎이 곰발자국 같은 나물이라는 뜻에서 유래되었다는 설이 있지만, 두 가지 설 모두 접미어 '취'로 인하여 나물로 해석하고 있다는 점에는 이견이 없어 보인다.

그러나 접두어 곰에 대해서는 다른 해석도 있다. 그렇다면 우리 조상들은 과연 어떤 뜻에서 곰을 접두어로 사용했을까? 〈물명고(物名攷, 19세기 초)〉에는 곰취뿐만 아니라 나무딸기(복분자 : 覆盆子)도 곰딸기로 표기되어 있는데, 일반적으로 나무딸기는 그 열매가 예쁘고 곰이 좋아하는 것으로 알려지고 있다. 그 점에서 곰딸기는 곰이 좋아하는 딸기라는 뜻에서, 곰취는 곰이 뜯어먹는 나물이라는 뜻에서 이름을 붙여졌을 것으로 추정된다. 다른 이름에는 큰곰취, 왕곰취가 있다.

한편, 곰이란 말의 처음 형태는 '거머(검)' 이었다고 볼 수 있다. 검은색의 동물이라는 뜻에서 시작되었기 때문이다. 그 '거머(검)'가 고모 → 곰'으로 변해 오늘날 곰으로 불리우고 있다. 따라서 식물 이름에 접두어로 사용되고 있는 '곰'은 대개 검다는 뜻으로 쓰인 예가 많다. 가령 곰솔도 검은 소나무라는 뜻에서 유래된 것이다. 그런 측면에서 곰취의 접두어 곰도 검다라는 뜻으로 쓰였을 가능성이 있다.

광대수염 *(Lamium album)*　　　　　　　　　　　꿀풀과

♣ 개화기 5월

광대수염은 꽃이 피는 잎자루와 줄기의 겨드랑이 사이에 긴 수염 같은 돌기가 나는데 이것을 광대수염에 비유한 데서 유래된 이름일 것이다. 광대는 인형극, 가면극 같은 연극이나 줄타기, 땅재주 같은 곡예를 놀리던 사람, 판소리를 업으로 삼던 사람 또는 배우를 얕잡아 일컫는 말이다. 또 연극을 하거나 춤을 추려고 얼굴에 물감을 칠하던 일을 가리키는 것으로 친근감이 드는 존재인 동시에 신분상으로는 다소 낮은 존재이다. 때문에 쉽게 부를 수 있어야 하는 식물이름에 자주 차용되어 왔다. 다만 식물이름에서 광대는 특별한 뜻을 지니지 않는 경우와 얼굴에 물감을 칠한 광대처럼 알록달록하다는 것을 나타내는 경우가 있다. 광대수염에서의 광대도 이 식물의 특징과는 큰 관련성이 없어 보인다. 다른 이름에는 산광대, 꽃수염풀(북한)이 있다.

▲ 광릉요강꽃

광릉요강꽃 *(Cypripedium japinicum)* 난초과

♣ 개화기 4~5월

광릉요강꽃은 '광릉 + 요강꽃' 형태로 이루어진 이름이다. 광릉(光陵)은 조선조 제 7대 세조 대왕의 능묘로 설정된 후 500여 년 간 수림(樹林)이 잘 보존된 곳으로 많은 식물 이름에서 접두어로 사용되고 있다. 일반적으로 광릉이라는 지역명이 접두어로 사용된 식물들은 광릉에서 채집되었거나 광릉에만 분포하는 특산인 경우가 대부분이다. 광릉요강꽃 외에 광릉개고사리, 광릉용수염, 광릉제비꽃, 광릉개밀, 광릉말털이슬, 광릉쥐오줌풀, 광릉골무꽃, 광릉골, 광릉족제비고사리, 광릉물푸레 등이 광릉과 인연이 있는 식물들이며, 대부분이 기본 종과 구별하기 위해 광릉이 접두어로 사용되었다. 요강꽃이라는 이름은 뿌리에서 지린내가 나며, 합죽선(合竹扇) 모양으로 2개가 마주 난 것처럼 보이는 잎 사이에 신부방 병풍 뒤에 숨겨둔 요강모양의 꽃을 피우는 데서 유래한 것이다. 그러므로 광릉요강꽃은 요강꽃을 전제로 지명 광릉이 접두어로 사용된 것이다. 그런데 요강꽃은 개불알꽃의 다른 이름이기도 하다. 그렇다면 왜 광릉개불알꽃이라 하지 않고 광릉요강꽃이라 했을까? 이는 개불알꽃이 어감상 좋지 않으므로 나중에 광릉에서 발견된 개불알꽃 종류만 광릉요강꽃으로 명명한 데서 연유했을 것이다. 광릉요강꽃의 다른 이름에는 큰복주머니, 광릉복주머니란, 치마난초, 부채잎작란화(북한)가 있다.

▲ 흰털괭이눈

괭이눈 *(Chrysosplenium grayanum)* 범의귀과

♣ 개화기 4~5월

괭이눈은 잎들이 뭉쳐 나 있는 가운데 노란 꽃이 매우 밝게 눈에 띄므로 마치 어둠 속에서 빛나는 괭이(고양이)의 눈과 비슷한 데서 유래된 이름이다. 특히 열매가 익을 무렵이면 그 모양이 고양이가 햇볕에서 눈을 지그시 감고 있는 모습과 같다고 해서 괭이눈이라는 이름이 붙었다는 설도 있다. 북한에서는 괭이눈풀이라 하며, 일본 이름도 괭이눈풀(猫の目草)이다.

괴불주머니 *(Corydalis pallida)* 양귀비과

♣ 개화기 4~7월

괴불주머니는 꽃이 괴불이라는 물고기와 닮은 모양인 데서 유래되었다는 설이 있다. 그런데 실제 괴불주머니의 모양은 괴불이라는 물고기와 다소 차이가 있다. 또 괴불이라는 물고기 이름에서 유래되었다면 이름을 괴불로 할 것이지 굳이 괴불주머니라 할 필요는 없을 것이다. 그런 측면에서 생각해보면 괴불주머니(식물)는 괴불주머니와 닮은 데서 유래되었을 가능성이 크다. 괴불주머니는 끈 끝에 차고 다니는 노리개로 색 헝겊을 네모지게 접어서 속에 통통하게 솜을 넣고 가장자리에 상침수를 놓으며 색끈을 접어서 다는 것을 가리킨다. 모양이 세모꼴인 이것의 줄임말이 괴불인데 괴불주머니의 꽃이 바로 이 괴불주머니와 닮았다는 것이다. 다른 이름에는 산해주머니, 뿔꽃(북한)이 있다.

▲ 구절초

구름국화 *(Erigeron thunbergii)* 국화과

♣ 개화기 7~8월

구름국화는 꽃잎이 잘고 많아 하늘하늘한 솜털과 같은 모양을 하고 있는 데서 유래된 이름이다. 식물의 이름 중 구름이 접두어로 사용된 것들은 대부분 꽃이나 잎들이 뭉쳐서 피어 구름과 같은 형상을 한 데서 유래된 것이지만 높은 산지에서 자라는 것을 나타낼 때 사용되는 경우도 있다. 다른 이름에는 산망초, 큰산금잔화, 구름금잔화가 있다.

구절초 *(Chrysanthemum zwadshii var. lactilovum)* 국화과

♣ 개화기 8~10월

구절초라는 이름의 유래에 대해서는 여러 가지 설이 있다. 첫째는 재액을 물리치고 불로장생하기 위하여 음력 9월 9일 중앙절에 꽃을 꺾은 다음 꽃잎으로 국화주를 만들어 먹은 것에서 구절초(九折草)라는 이름이 유래되었다는 설이다. 둘째는 음력 9월 9일날 꽃과 줄기를 함께 잘라 부인병 치료와 예방을

위한 한약재로 이용한 데서 구절초(九折草)라는 이름이 유래되었다는 설이다. 셋째는 5월 단오에는 줄기가 다섯 마디가 되고, 9월 9일(음력)이 되면 아홉 마디가 된다 하여 구절초(九節草)라는 이름이 붙었다는 설이다. 넷째는 우리나라의 대표적인 민간약으로서 줄기에 아홉 마디의 능(稜)이 있으므로 구절초(九節草)라는 이름이 붙었다는 설이다. 이 네 가지 설 중 첫째와 둘째 설은 한자 이름 九折草(구절초)를 전제로 하였으며, 셋째와 넷째 설은 한자 이름 九節草(구절초)를 전제로 한 것인데, 구절초의 한자이름은 이 두 가지를 다 채용하고 있다. 따라서 한자 이름만 놓고 보면 어느 것이 정설인지 명확하지가 않지만 음력 9월 9일경에는 아홉 마디 이상이 되므로 셋째, 넷째 설보다는 첫째와 둘째 설이 정설에 더 가까운 것으로 추정된다. 한편, 구절초의 중국이름에는 산국(山菊), 자화야국(紫花野菊)이 있으며, 일본이름은 조선국(朝鮮菊)이다. 따라서 구절초의 한자 이름은 우리나라에서 만들어진 이름이다.

금강초롱 *(Hanabusaya asiatica)* 초롱꽃과

♣ 개화기 8~9월

금강초롱은 '금강+초롱' 형태로 이루어진 이름으로 금강은 이 꽃이 1909년 금강산에서 처음 발견된 데서 유래되었으며, 초롱은 이 꽃이 초롱과 같다는 데서 유래된 이름이다. 꽃의 색깔은 생육장소에 따라 보라색 외에도 진보라색, 분홍색, 흰색 등으로 나타난다. 다른 이름에는 금강초롱꽃이 있다.

금낭화 (Dicentra spectabilis)

양귀비과

♣ 개화기 5~7월

금낭화는 심장 모양의 꽃이 예쁜 비단 주머니처럼 생긴 데서 유래된 이름이다. 한자로는 비단 錦(금), 주머니 囊(낭), 꽃 花(화)자를 쓰는데, 어떤 책에는 쇠 金(금) 사내 郞(낭), 꽃 花(화)로 표기되어 있다. 이는 아마도 꽃 모양을 사내의 성기모양에 비유하여 은유적으로 표현한 것으로 생각되는데 앞의 錦囊花(금낭화)가 바른 이름이다. 다른 이름에는 며느리주머니꽃, 등모란이 있다. 중국이름에는 금낭화(錦囊花), 하포목단(荷包牧丹)이 있으며, 일본이름은 화만초(華鬘草)이다. 꽃이 많이 붙어서 아래로 늘어진 모양을 불전(佛典)의 화만(華鬘)에 비유한 데서 유래된 이름이다.

▲ 기린초

기린초 *(Sedum kamtschatialm)* 돌나물과
♣ 개화기 6~7월

기린초는 이 식물의 두꺼운 잎과 꽃을 기린(麒麟)의 뿔에 비유한 데서 유래된 이름이다. 그런데 기린초의 한자를 麒麟草(기린초)로 쓰긴 하지만 여기서의 기린은 동물원에 있는 목이 긴 포유류 동물이 아니라 중국의 옛 문헌에 나오는 상상의 동물이다. 이 동물은 성인(聖人)이 출현할 때 나타난다고 전해지며 전한말(前漢末) 시대 때 경방(京房)이 쓴 〈역전(易伝)〉에 의하면 기(麒)는 수컷을, 린(麟)은 암컷을 가리킨다. 이 동물의 몸은 사슴과 같고 꼬리는 소와 같으며 굽은 말과 같다. 또 등에는 다섯 가지 색깔의 털이, 배에는 황색털이 있으며 머리 위에는 육질로 둘러 쌓인 1개의 뿔을 갖고 있다고 기록되어 있다. 중국명과 일본명도 기린초(麒麟草)이다.

기생꽃 *(Trientalis europaea)* 앵초과
♣ 개화기 6~7월

기생꽃은 기생들이 쓰는 것과 같은 화관을 가지고 있는 데서 유래된 이름이다. 식물이름에는 기생뿐만 아니라 광대도 쓰이는데 이들은 신분상으로 천인(賤人)에 속한다. 비슷한 경우로 스님이 차용된 식물이름은 찾아보기 힘든 반면 중이 차용된 식물이름은 많은데, 이는 식물이름을 생성할 때 고귀한 존재의 이름을 붙이는 경우보다는 누구나 쉽게 부를 수 있는 존재들을 차용하여 이름을 붙였기 때문일 것이다. 실제로 한국인 화자에게 있어 이름을 부른다는 것은 전통적으로 자신과 동등하거나 더 낮은 위치의 사람에 대해 가능한 것이었다. 당연히 식물이름을 붙일 때도 이러한 관습이 적용되었을 것이다. 기생꽃의 다른 이름에는 기생초, 좀기생초가 있다.

까치수염 *(Lysimachia barystachys)* 앵초과

♣ 개화기 6~8월

까치수염은 까치수영이 잘못 표기된 이름이라는 설이 있다. 까치에는 수염이 없기 때문에 까치수영이 옳다는 것이다. 이것은 수영을 기본 종으로 잘못 생각한 데서 연유된 것 같은데 수영은 소리쟁이속이며 까치수염은 까치수염속이므로 속이 틀리다. 그러면 왜 까치수염일까? 아마 이삭의 털을 수염에 비유한 것 같으며, 이삭의 전체 모양을 까치에 비유한 데서 유래된 것으로 생각된다. 다른 이름으로 꽃꼬리풀(북한)이 있다.

깽깽이풀 *(Jeffersonia dubia)*   매자나무과

♣ 개화기 4~5월

깽깽이풀은 '깽깽이 + 풀'의 형태로 이루어진 이름인데, 깽깽이는 해금 등의 악기를 비하할 때 쓰는 말이다. 그러므로 깽깽이풀은 바쁜 모내기철에 한가로이 해금 등의 악기를 켜는 사람처럼 이 풀이 바쁜 모내기철에 한가로이 피는 데서 유래된 이름이다. 다른 이름에는 황련, 산련풀(북한), 조황련(중국)이 있다.

▲ 꽃며느리밥풀

꽃며느리밥풀 (*Melampyrum roseum*) 현삼과

♣ 개화기 7~9월

꽃며느리밥풀은 아랫입술 모양의 꽃잎 가운데에 하얀 밥풀 같은 두 개의 무늬가 있어 마치 벌어진 입안에 밥알이 물려 있는 듯한 모양인데, 거기에서 이름이 유래된 듯 싶다. 시어머니와 며느리간의 갈등에서 유래되었다는 설도 있다. 옛날 어떤 며느리가 몹시 배가 고파 시어머니 몰래 밥을 먹었는데 먹는 도중에 시어머니에게 들켜 밥알이 목에 걸려 죽었다는 이야기이다. 또 다른 이야기로는 밥을 짓던 며느리가 뜸이 잘 들었나 보려고 몇 개의 밥알을 집어먹었는데, 이를 본 시어머니가 어른이 먹기도 전에 밥을 먹는다며 며느리를 때려 가엾게도 세상을 뜨게 되었다는 것이다. 그 며느리가 죽은 뒤에 무덤 가에는 하얀 밥알을 입에 물고 있는 듯한 꽃이 피어났는데 사람들이 죽은 며느리의 넋이 꽃으로 피었다 하여 꽃며느리밥풀이라 부르게 되었다 한다. 혓바닥처럼 생긴 붉은 꽃 위에 쌀알 같은 두 개의 흰 점이 있는 것을 보고 여인애사(女人哀史)와 관련 시켜 이런 이야기를 지어낸 것으로 보인다. 그러나 현재는 며느리밥풀이란 이름이 없다. 며느리밥풀을 이리 저리 구분하는데 열중한 나머지 며느리밥풀이라고 불렸던 종이 수염며느리밥풀이 되고, 기본 종은 꽃며느리밥풀로 변했기 때문이다. 북한에서는 꽃며느리밥풀을 꽃새애기풀이라 부르고, 수염며느리밥풀을 새애기풀이라 부른다.

꽃창포 *(Iris ensata)* 붓꽃과

♣ 개화기 6~7월

꽃창포는 창포에 비해 아름다운 꽃을 피운다는 뜻에서 유래된 이름으로 '꽃+창포' 형태로 이루어진 이름이다. 따라서 창포를 기본 종으로 해서 꽃이 접두어로 사용된 것으로 생각하기 쉬우나 꽃창포는 붓꽃과이며, 창포는 천남성과로 과(科)가 틀린다. 다른 이름에는 꽃장포, 들꽃장포, 들꽃창포(북한)가 있다. 일본이름은 화창포(花菖蒲)이다.

꿀풀 (*Prunella vulgaris* var. *lilacina*)

꿀풀과

♣ 개화기 5~7월.

꿀풀은 꽃잎을 뽑아 맛을 보면 달기 때문에 유래된 이름이다. 이름이 그러하듯 꿀이 많은 식물인데 어린 시절 꽃을 따서 꿀을 빨던 생각이 나는 향수가 깃든 꽃이다. 꿀풀의 변종 식물로서 흰색꽃이 피는 것을 흰꿀풀, 적색꽃이 피는 것을 붉은꿀풀, 원줄기가 밑에서부터 바로 서고 가는 줄기가 없으며 짧은 새순이 원줄기 밑에 달리는 것을 두메꿀풀이라고 한다. 꿀풀의 다른 이름에는 꿀방망이, 가지골나물, 가지래기꽃이 있다. 꿀방망이는 꽃에서 꿀이 많이 나오기 때문에 유래된 이름이다.

▲ 꿩의다리

꿩의다리 *(Thalictrum aquilegifolium)* 　　미나리아재비과

♣ 개화기 6월

꿩의다리는 줄기에 드문드문 마디가 있고 자줏빛이 돌아 꿩 다리와 비슷한 데서 유래된 이름이다. 다른 이름에는 아시아꿩의다리, 가락풀(북한)이 있다.

끈끈이주걱 *(Drosera rotundifolia)* 　　　　　　끈끈이주걱과

♣ 개화기 7월

끈끈이주걱은 끈끈한 액체를 내어 벌레를 잡아 양분으로 쓰는 특이한 식물이다. 식물명 구성요소인 '끈끈이'가 또 다른 식물명 구성요소인 '주걱'과 결합하여 이루어진 이름으로 잎의 모양이 주걱 같으며 잎의 표면에 이슬과 같은 끈끈한 점액이 있는 데서 유래된 이름이다.

나도옥잠화 *(Chintonia udensis)* — 백합과
♣ 개화기 6~7월

나도옥잠화는 '나도 + 옥잠화' 형태로 이루어진 이름이다. 접두어 나도- 는 원래는 전혀 다른 분류군이지만 비슷하다는 것을 나타내므로 옥잠화속이 아닌데도 잎 모양이 옥잠화와 비슷하게 생긴 데서 유래된 이름이다. 다른 이름에는 제비옥잠, 당나귀나물, 두메옥잠화(북한) 가 있다.

나도하수오 *(Pleuropterus ciliinervis)* — 마디풀과
♣ 개화기 6~8월

나도하수오는 '나도 + 하수오' 형태로 이루어진 이름이다. 나도는 다른 분류군이지만 유사한 것을 나타낸 것이다. 하수오는 어찌何(하), 머리首(수), 까마귀烏(오)자로 쓰는데 여기서 까마귀오자는 검다는 뜻을 나타낸다. 따라서 하수오는 어찌하여 머리가 검은가라는 뜻을 담고 있는데, 이는 이 식물을 약초로 사용하였을 때에 머리가 검어진다는 약효에서 유래된 이름이다.

나비나물 *(Vicia unijuga)* 콩과

♣ 개화기 6~9월

나비나물은 대생하는 2개의 작은 잎이 나비 모양을 이루고 있으며, 여름, 가을에 적자색 나비 모양의 꽃이 잎겨드랑이에서 피는 데서 유래된 이름이다. 다른 이름에는 큰나비나물, 봉올나비나물, 가지나비나물, 참나비나물이 있다.

낙지다리 *(Penthorum chinense)* 돌나물과

♣ 개화기 7월

낙지다리는 다년생풀로 흔히 들의 습한 땅에서 자라며 초여름에 황백색의 작은 꽃이 여러 갈래로 갈라진 가지 끝에 이삭 모양으로 붙어 피고 열매가 열린다. 이렇게 줄기 위에 달린 꽃 또는 열매 모양이 낙지다리에 붙은 둥근 혹과 같은 데서 유래된 이름이다. 다른 이름에는 낙지다리풀(북한)이 있다. 일본 이름은 오징어다리(蛸の足)이다.

노랑붓꽃 (*Iris koreana*) 붓꽃과

♣ 개화기 4~5월

노랑붓꽃은 '노랑 + 붓꽃' 형태로 이루어진 이름으로 꽃이 노랑색인 데서 유래된 이름이다. 노랑붓꽃과 금붓꽃은 어느 것이나 노랑기 때문에 착오를 일으키기 쉽다. 구별점은 꽃이 2개씩 달리는 것이 노랑붓꽃이고 1개씩 달리는 것이 금붓꽃이다. 금붓꽃은 한 화경에 두 개씩 달리던 꽃 중 1개가 퇴화하고 나머지 1개만 남아 있다.

노루귀 *(Hepatica asiatica)*   미나리아재비과

♣ 개화기 4월

노루귀는 어린잎이 노루의 귀처럼 보인 데서 유래된 이름이다. 큰 노루귀(섬노루귀)의 경우 잎에 털이 아주 많고 크기가 크며 꽃은 귀 모양이다. 다른 이름에는 뾰족노루귀가 있다.

▲ 노루발풀

노루발풀 *(Pyrola japonica)*

♣ 개화기 6~7월

노루발과

노루발풀은 이 식물이 노루가 다닐만한 숲에서 자라고 잎이 노루의 발자국을 닮은 데서 유래된 이름이다. 중국 이름은 같은 의미로 녹제초(鹿 : 사슴 녹, 蹄 : 굽 제, 草 : 풀 초)이다. 이 식물의 잎을 노루의 발자국에 비유한 것은 이 풀이 자라는 산지대가 노루의 서식지와 비슷하고 이러한 공간에서 자주 발견되는 작은 풀이기 때문에 그 공간적인 인접성 때문에 붙여진 이름인 것으로 추정된다. 이는 노루가 자주 지나다니는 길목을 노루목이라 가리키는 말임을 참고해도 알 수가 있다. 다른 이름에는 애기노루발, 노루발이 있다.

▲ 노루오줌

노루오줌 *(Astilbe rubra)*

♣ 개화기 7~8월

범의귀과

노루오줌은 풀의 뿌리에서 누린내가 나는 데서 유래된 이름이다. 많은 동물 중 노루를 차용한 것은 노루의 오줌과 비슷한 냄새 때문이기도 하겠지만 노루가 그만큼 친근감이 있기 때문일 것이다. 실제로 노루는 식물 이름 뿐만 아니라 지명이나 마을 이름에도 많이 차용되고 있다. 전남구례군에 있는 노루목, 제주도에 있는 큰노리손이(노리는 노루에 대한 제주 방언이며, 노리손이는 노루를 사냥한 오름이라는 뜻) 외에 장동(獐洞; 노루골이라는 뜻으로 노루가 한가로이 낮잠을 즐기는 형국에서 유래), 노루가 노는 산이라는 뜻의 장산(獐山), 장천(獐川), 장평(獐平) 등의 마을 이름이 그 예이다. 노루를 뜻하는 노루 獐(장)자는 지명 외에 풍물굿에 이용되는 장구에서도 찾아 볼 수 있다. 장구라는 명칭은 노루 獐(장)자와 개 狗(구)에서 유래되었다는 설이 있는데, 이는 황송통(黃松筒 혹은 벽오동)에다 노루가죽과 개가죽을 양쪽에 맨 장구가 최고의 소리를 낸다는 점에서 일면 설득력이 있다. 노루오줌의 다른 이름에는 큰노루오줌 노루풀(북한)이 있다.

누린내풀 *(Caryopteris divaricata)*

♣ 개화기 7~8월

마편초과

누린내풀은 이 식물에서 고약한 냄새가 나는 데서 유래된 이름이다. 보통 짐승의 고기에서 나는 기름진 냄새를 누린내라고 하는데 이러한 특징을 반영하여 누린내를 이름의 구성요소로 사용하였다. 다른 이름에는 노린재풀, 구렁내풀이 있다.

다닥냉이 *(Lepidium apetalum)*   십자화과

♣ 개화기 5~7월

다닥냉이는 '다닥 + 냉이' 형태로 이루어진 이름이다. 다닥은 잎이 다닥다닥 붙어 있으며 5~7월에 이 식물의 줄기 끝이나 가지 끝에 무더기로 흰 꽃이 모여 피는 데서 유래되었을 것이다. 냉이는 옛 이름 '나이(那耳)'에서 유래되었다. 일찍이 성리학이라는 이념체계로 성립된 조선에서는 자생하고 있는 약재를 정리할 필요성을 느끼게 된다. 이러한 시대적 요구에 의해 나온 것이 〈향약집성방(1433)〉인데 여기에 냉이가 那耳(나이)로 기록되어 있으며, 〈훈민정음〉 창제 이후 한국 최초의 국어사전인 〈훈몽자회(1527)〉에도 나이라고 표기되어 있다. 이러한 냉이는 조선 중기까지 나이 또는 나히로 표기되어 오다가 〈몽유(1810)〉에 낭이라고 표기한 이후 〈조선어사전(1920)〉에서부터 냉이로 표기되어 왔다. 이것을 정리해 보면 '나이 → 나히 → 낭이 → 냉이'로 표기에 변화가 있어 왔는데, 그 의미는 불명확하다.

다람쥐꼬리 *(Lycopodium chinense)*   석송과

♣ 개화기 5~8월

다람쥐꼬리는 줄기가 가늘고 바늘 모양의 잔잎이 많이 나서 다람쥐의 꼬리 같이 보인다는 데서 연유한 것이다. 다람쥐는 식물이름 구성요소로 거의 쓰이지 않지만 다람쥐꼬리에서는 다람쥐가 식물명 구성요소로 쓰이고 있다. 다른 이름에는 북솔석송이 있다.

단풍제비꽃 *(Viola albida* for. *takahashii)*

제비꽃과

♣ 개화기 4~5월

단풍제비꽃은 제비꽃 종류인 이 식물의 잎사귀 모양을 단풍나무잎에 비유한 데서 유래된 이름이다. 다른 이름에는 단풍오랑캐꽃, 단풍씨름꽃이 있다.

단풍취 *(Ainsliaea acerifolia)* 국화과

♣ 개화기 7~9월

단풍취는 잎 모양이 단풍나무와 비슷하고(단풍), 어린잎을 나물로 식용하는 데서(취) 유래된 이름이다. 다른 이름에는 괴발딱취, 장이나물, 좀단풍취가 있다.

닭의장풀 *(Commelina communis)* 　　　　　　　　　　　　닭의장풀과

♣ 개화기 7~9월

닭의장풀은 닭장 옆에 많이 생육하는 데서 유래된 이름이라는 설이 있지만 그보다는 장마철이 되면 꽃이 닭의 벼슬처럼 피는 데서 유래된 이름이다. 다른 이름에는 닭의밑씻개, 닭의꼬꼬, 닭개비, 닭의발씻개가 있다.

닻꽃 (*Halenia corniculata*) 용담과

♣ 개화기 7~8월

닻꽃은 꽃의 모양이 고깃배의 닻 모양과 같은 데서 유래된 이름이다. 다른 이름에는 닻꽃용담, 닷꽃, 닻꽃풀(북한)이 있다.

▲ 도깨비부채

도깨비부채 *(Rodgersia podophylla)*   범의귀과

♣ 개화기 | 6~7월

도깨비부채는 그다지 키가 큰 풀이 아니지만 잎의 지름이 약 50cm 정도로 정상적인 잎 보다 매우 크다. 이러한 점에 착안하여 비정상적인, 엉뚱한 풀이라는 뜻으로 도깨비라는 구성 요소를 차용했고, 여기에 넓다는 의미를 지닌 부채까지 붙인 것으로 보인다. 다른 이름에는 독개비부채, 수레부채(북한)가 있다.

도깨비사초 *(Carex dickinsii)*   사초과

♣ 개화기 | 5~7월

도깨비사초는 상상 속에 등장하는 도깨비 방망이 같은 이미지의 암꽃 줄기를 가지고 있는 사초 (莎草)라는 데서 유래된 이름이다. 다른 이름에는 독개비사초, 뿔사초(북한)가 있다.

도둑놈의갈고리 *(Desmodium oxyphyllum)* 콩과

♣ 개화기 7~8월

도둑놈의갈고리는 갈고리풀이 존재하는 것을 보면 '도둑놈 + 갈고리' 형태로 이루어진 이름이다. 도둑이 식물명에 관계하게 된 경위는 누구나 부르기 쉬운 이름을 식물명에 차용해서 쓰는 현상과 관계하는 것으로 보이며, 도둑놈의갈고리의 경우는 열매의 겉에 갈고리 같은 털이 있어 옷깃에 잘 붙는 특성을 도둑놈에 비유한 것 같다. 다른 이름에는 도둑놈갈구리, 갈구리풀(북한)이 있다. 일본이름은 도둑쑥부쟁이(盜人萩)이다.

도라지 *(Platycodon grandiflorum)* 초롱꽃과

♣ 개화기 7~8월

도라지는 산골 마을 도라지(또는 라지)라는 소녀가 공부를 하기 위해 중국으로 떠난 먼 친척 오빠를 기다리다 할머니가 되어 숨을 거두어 도라지꽃이 되었다는 전설에서 유래된 이름이라는 설이 있다. 그런데 도라지의 옛 이름은 도랏이기 때문에 전설에서 유래되었다는 설은 신빙성이 떨어진다. 도랏은 도라지의 준말이라는 설이 있지만 시기적으로는 도라지보다는 도랏이 앞선다. 또 설혹 도랏이 도라지의 준말이라고 해도 도라지는 사람 이름 보다는 미끌 + 라지에서 유래된 미꾸라지처럼 '도 + 라지' 형태로 이루어진 이름일 가능성이 높다. 실제로 옛날에는 도라지를 突兒芝(돌아지)로도 썼는데 突(돌)은 우뚝할 돌(突)자로 뿌리 또는 식물체를 나타낸 듯이 보이며, 兒芝(아지)는 아이 아(兒)자와 지초 지(芝)의 조어로 새순이 자라는 가지 또는 어린 가지를 나타내는 兒枝(아지)처럼 작은 것을 나타낸 것으로 해석된다. 또 한자 이름이 아니더라도 우리 말 이름인 미꾸라지나 송아지, 강아지에서 접미어 '라지' 또는 '아지'는 작고 귀여운 것에 대한 옛말이다. 도라지의 다른 이름에는 길경이 있는데, 이것은 중국이름 길경(桔梗)에서 유래된 것이다. 길경은 길쭉하고 굵은 뿌리가 곧게 뻗으면서 굽지 않아 귀하고 길한 풀뿌리가 곧다라는 뜻에서 유래된 이름이다.

돌단풍 *(Aceriphyllum rossii)*

범의귀과

♣ 개화기 5월

돌단풍은 '돌+단풍' 형태로 이루어진 이름이다. 식물이름에서 접두어 돌은 열등하거나 품질이 낮은 것 또는 산에서 절로 자란다는 뜻에서 많이 사용되지만 돌단풍에서 접두어 돌-은 이 식물이 깊은산 계곡 물가 바위틈에 붙어 자라는 데서 유래된 것으로 추정된다. 한편 단풍은 잎 모양이 단풍나무 잎과 비슷한 데서 유래된 이름이다. 다른 이름에는 장장포, 돌나리가 있다.

▲ 동자꽃

동자꽃 *(Lychinis cognata)*   석죽과
♣ 개화기 6~7월

동자꽃은 전설에서 유래된 이름이라는 설이 있다. 즉 옛날 어느 깊은 산중의 조그만 암자에 노승과 어린 동승이 살고 있었다. 어느 해 겨울 스님은 어린 동승을 혼자 남긴 채 시주를 구하러 마을로 내려 왔는데 엄청난 눈이 며칠 동안 내려서 산을 오를 수가 없었다. 산 밑 마을에서 눈이 그치기만을 기다릴 뿐 달리 도리가 없었던 것이다. 한편 암자에 남은 동승은 스님이 오기만을 기다리다가 굶어 죽었다. 암자에 돌아온 스님은 슬픔을 억누르며 양지 바른 산자락에 동자를 묻어 주었는데 그 해 여름 무덤 가에서 동승을 닮은 예쁜 꽃이 피어났고 사람들이 그 꽃을 동자꽃이라 불렀다는 설이다. 이처럼 전설에서 유래되었다는 꽃 이름을 조사해 보면 의외로 이름이 생성된 후 그 이름과 관련된 전설이 생성된 것이 많다. 그런데 동자꽃은 그 이름의 유래가 불분명하다. 다만 1937년 처음으로 자생식물에 대한 이름을 붙이고 정리할 때 식물에 관련된 전설, 유래 등도 고려했다는 점이 나타나 있다. 따라서 동자꽃의 경우 그 이름이 전설에서 유래되었다는 설을 배제할 수 없다. 다른 이름에는 참동자가 있다.

된장풀 *(Desmodium caudatum)*   콩과
♣ 개화기 6월

된장풀은 '된장 + 풀' 형태로 이루어진 이름이다. 된장에 이 식물을 넣으면 구더기가 생기지 않는데, 이러한 기능을 특징 삼아 이름을 붙인 것이다. 그런데 된장풀에서 풀은 일반적으로 초본류를 나타내는 접미어이기 때문에 된장풀이 초본류인 것으로 생각하기 쉬우나 원래는 초본이 아니고 낙엽관목이다. 다른 이름에는 쉬풀, 쉽싸리풀이 있다.

두루미꽃 (*Maianthmum bifolium*)   백합과

♣ 개화기 5~6월

두루미꽃은 잎과 엽맥 모양을 두루미가 날개를 넓게 펼친 모양에 비유한 데서 유래된 이름이다. 일본 이름은 무학초(舞鶴草)이다. 한편 두루미는 우리나라 새 가운데 키가 제일 큰 새로 학, 백학, 천학이라고도 한다. 두루미는 '두루 날아다니는 새'라는 뜻에서 두룸이 → 두루미의 과정을 거쳐 형성된 말이다. 그런가 하면 뻐꾹뻐꾹 → 뻐꾸기, 개굴개굴 → 개구리와 같이 그 울음소리를 모방하여 두룸두룸 → 두룸이 → 두루미로 생긴 말이라고 보는 사람들도 있다.

두메양귀비 *(Papaver radicatum)*   양귀비과

♣ 개화기 7~8월

두메양귀비는 '두메 + 양귀비' 형태로 이루어진 이름이다. 두메는 산, 땅을 가리키는 옛날 말 '도/두'에서 유래된 '두'와 산이라는 뜻의 '메'로 이루어진 말로 두 마디 다 산을 가리키고 있다. 따라서 두메양귀비는 산에서 자라는 양귀비라 할 수 있다. 한편 양귀비는 아편 꽃이 양귀비처럼 예쁘다고 한 데서 유래된 것으로 우리나라에서만 통하는 이름이다. 양귀비는 중국을 통해 우리나라에 들어왔으며, 일년초 가운데서 가장 예쁜 꽃이다. 하지만 하루밖에 못 사는 하루살이 꽃이기도 하다. 중국을 통해 들어온 아름다운 꽃이라는 것과 단명한다는 사실에서 비운의 여인 양귀비(楊貴妃)를 연상하게 된 것이고, 그래서 양귀비라는 이름이 붙여졌다고 생각된다. 또 하나는 이 꽃의 열매에서 뽑은 아편(阿片) 때문이라고 생각된다. 양귀비에서 추출한 아편은 사람을 매혹시키는데, 그것이 현종(玄宗)을 현혹시킨 양귀비와 다를 바가 없다고 생각한 것이다. 즉 양귀비처럼 예쁘지만 양귀비처럼 경계해야 할 꽃이라는 뜻이 이름에 담겨 있는 듯 하다. 다른 이름에는 양귀비, 앵속, 약담배, 아편꽃이 있다. 양귀비의 중국 이름은 앵속(罌粟)이다. 열매가 항아리같이 생기고, 그 속에 좁쌀 같은 씨가 들어 있다고 해서 항아리 罌(앵)자에 조 粟(속)자를 쓴 것이다. 살이 가득 든 주머니 같다는 데서 유래된 미낭화(美囊花)라는 이름도 있는데, 어느 것이든 열매나 씨앗의 공리성(功利性)을 중히 여긴 데서 유래된 이름이다. 두메양귀비의 다른 이름에는 산양귀비, 두메아편꽃(북한)이 있다.

▲ 둥굴레

둥굴레 (*Polygonatum odoratum*)   백합과
♣ 개화기 6~7월

둥굴레는 〈토명대조만선식물자회(1932)〉에 옥죽(玉竹), 괴무릇으로 표기되어 있다. 이에 비해 독일은방울꽃(*Convallaria majalis*)을 둥굴래싹, 둥구리싹이라 하는데 여기서 둥굴은 원(圓)이라는 뜻으로 령(鈴)과 비슷한 소형의 흰꽃이 피기 때문이라고 되어 있다. 그런데 이 둥굴래싹과 둥구리싹의 음이 둥굴레와 비슷하다. 그러므로 이 식물의 이름은 잎이 둥글고 독일은방울꽃과 비슷한 꽃을 피우는 데서 유래 되었을 것이다. 다른 이름에는 괴불꽃이 있다.

땅나리 *(Lilium callosum)* 백합과

♣ 개화기 7월

땅나리는 '땅 + 나리' 형태로 이루어진 이름인데 접두어 땅은 꽃이 땅을 향해 피는 데서 유래 되었다는 설과 키가 작은 데서 유래되었다는 설이 있는데 꽃의 방향이 하향(下向)인 데서 유래되었다는 것이 가장 설득력 있다. 땅나리의 꽃이 아래쪽을 향하여 피며 (하향) 키가 60~80cm로 참나리 100~180cm보다는 작지만 솔나리 30~50cm 보다는 크고 하늘나리 60~80cm와는 같기 때문이다. 다른 이름에는 작은중나리, 애기중나리가 있다.

▲ 매발톱꽃

말나리 (*Lilium medeoloides*)　　　　　　　　　　백합과

♣ 개화기 6~8월

말나리는 '말 + 나리' 형태로 이루어진 이름이다. 말나리에서 말은 초형이 말 같이 큰 것을 나타내는데 실제로 말나리는 키가 70~120cm로 자생 나리 중에서도 큰 편이다.

매발톱꽃 (*Aquilegia buergeriana*)　　　　　　미나리아재비과

♣ 개화기 6~7월

매발톱꽃은 꿀주머니 안쪽으로 말려진 꽃모양이 매의 발톱을 오므린 듯한 모양인 데서 유래된 이름이다. 우리나라에서 매는 식물이름 구성 요소로 거의 쓰이지 않는 조류(鳥類)이다. 그런데도 매가 매발톱꽃 이름의 구성요소로 쓰인 것은 속명 때문인 것으로 생각된다. 매발톱꽃의 속명 Aquilegia가 라틴어의 aquila에서 유래한 말로 독수리를 뜻하기 때문이다. 영어이름은 비둘기라는 뜻의 coumbarium이다. 거꾸로 피는 꽃의 모습을 날개를 편 비둘기에 비유한 것이다.

며느리밑씻개 *(Persicaria senticosa)*   마디풀과

♣ 개화기 8~9월

며느리밑씻개는 줄기가 사각형이며 잎자루와 더불어 붉은 빛이 도는 갈고리 같은 가시가 있다. 화장지가 귀하던 시절에 며느리에게는 부드러운 풀잎 대신 가시가 있는 이 식물을 사용하게 한 데서 며느리밑씻개라는 이름이 유래되었다는 설이 있다. 하지만 왠지 논리적으로 설명하기에는 석연치 않은 구석이 있으므로 다른 유래를 찾아볼 필요가 있다. 며느리밑씻개에는 멍든 피를 풀어주며 해독작용을 하는 Iso quercitrin 성분이 있다. 이 때문에 한방에서는 이 식물을 진하게 달인 물로 치질의 예방과 치료를 위해 좌욕을 하도록 처방하고 있다. 이것은 식물의 이름과 직접적인 관련이 있는 것으로 고부간의 갈등에서 연유했다는 설보다 더 설득력이 있지만 이를 뒷받침할 만한 문헌이 없다. 한편, 며느리밑씻개의 일본이름은 의붓자식엉덩이(밑)씻개이다. 의붓자식에게 갈고리 같은 가시가 있는 이 식물을 화장지 대신 사용하게 한 데서 유래된 이름으로 그 유래가 며느리밑씻개와 유사하다. 더욱이 며느리밑씻개라는 이름이 문헌상 처음 등장한 것은 1937년이다. 이러한 점들은 며느리밑씻개라는 이름이 일본이름에서 유래되었을 가능성을 나타내고 있다. 다른 이름에는 가시모밀, 가시덩굴여뀌(북한)가 있다.

며느리배꼽 (Persicaria perfoliata)

마디풀과

♣ 개화기 7~9월

며느리배꼽꽃과 며느리밑씻개는 같은 마디풀과 식물로 비슷한 외모를 가지고 있다. 그러므로 며느리밑씻개라는 이름이 기본 종으로 명명된 후 며느리배꼽꽃의 둥근 턱잎 안에 열매가 들어 있는 모양이 배꼽을 연상시키 때문에 며느리배꼽꽃으로 명명한 것으로 추정된다. 다른 이름에는 사광이풀이 있으며 북한 이름은 참가시덩굴이다. 식물의 이름 중에는 며느리주머니, 꽃며느리밥풀, 며느리밑씻개, 며느리배꼽꽃뿐만 아니라 각시붓꽃, 각시패랭이꽃 등 각시나 며느리 등이 각각 하나의 단위로서 식물이름을 붙이는 데 참여하고 있다. 제시한 어형들을 보면 이들은 모두 가까운 혈연관계에 있는 아버지, 어머니, 형제자매 등 1차적인 가족 구성원이 아니고 혼인 따위로 가족 구성원에 참여하게 된 경우이다. 아버지나 어머니 등 1차적인 가족 구성원을 나타내는 어휘가 식물이름 구성요소로 쓰인 예는 찾을 수 없다. 가까운 가족은 그 관계가 매우 친밀하긴 하지만 서로 존중해야 할 존재라는 일종의 경외를 가지고 있기 때문에 식물이름에는 차용하지 않은 것으로 보인다.

물레나물 *(Hypericum ascyron)* 　　　　　　　　물레나물과

♣ 개화기 6~8월

물레나물은 '물레 + 나물' 형태로 이루어진 이름이다. 물레는 솜이나 털 따위의 섬유를 자아내서 실을 만드는 간단한 도구이다. 나무로 된 여러 개의 살을 끈으로 얽어매어 보통 육각의 둘레를 만들고 가운데에 굴대를 박아 손잡이로 돌리게 되어 있는데 여기에 물레줄을 걸쳐 괴머리가락을 세게 돌리면 살이 감겨진다. 물레나물은 꽃이 피면 꽃잎이 바람개비처럼 옆으로 휘어지는데 이것을 물레에 비유한 데서 유래된 이름으로 추정된다. 즉 물레나물의 꽃 특징을 물레가 감겨지는 모습에 비유한 것으로 '물레'를 식물이름에 차용한 것으로 생각된다. 새 중에 물레새라는 것이 있는데 이 새는 울 때 꽁지깃을 좌우로 흔드는 습성이 있음에도 울음소리가 물레질하는 소리와 비슷하다 해서 물레새라는 이름이 붙은 것이다.

▲ 물매화풀

물매화풀 *(Parnassia palustris)* 범의귀과

♣ 개화기 7~9월

물매화풀은 습지에서 자라고 꽃이 매화 같은 모양인 데서 유래된 이름이다. 다른 이름에는 물매화, 풀매화가 있다. 중국이름은 매화초(梅花草)이다.

▲ 물봉선

물봉선 *(Impatiens textori)*　　　　　　　　　　봉선화과

♣ 개화기 8~9월

물봉선은 '물 + 봉선' 형태로 이루어진 이름이다. 물은 이 식물이 물가에서 잘 자라는 생육특성을 반영한 것이다. 봉선은 봉선화(鳳仙花)를 가리키는 것으로 〈군방보(群芳譜)〉에 의하면 이 식물의 모습이 머리와 날개 꼬리와 발이 우뚝 서 있는 봉황새의 형상과 같다는 데서 봉선화라는 이름이 유래되었다고 되어 있다. 그러니까 물봉선은 물가에 피는 봉선화라는 뜻에서 유래된 이름이다. 다른 이름에는 물봉숭, 물봉숭아(북한)가 있다.

미꾸리낚시 *(Persicaria sieboldii)*   마디풀과

♣ 개화기 8~9월

미꾸리낚시는 '미꾸리 + 낚시' 형태로 이루어진 이름이다. 미꾸리는 미꾸라지의 다른 이름으로 미꾸라지가 잘살 만한 개울가에 나는 풀이라는 뜻에서, 낚시는 갈고리 모양의 가시가 있는 데서 유래되었다. 인접성을 이용한 특징적인 조어라고 할 수 있다. 다른 이름에는 여대, 낚시여뀌, 늦미꾸리낚시가 있다.

▲ 미나리아재비

미나리아재비 *(Ranunculus japonicus)*　　　　미나리아재비과

♣ 개화기 **6월**

미나리아재비는 '미나리 + 아재비' 형태로 이루어진 이름이다. 그런가 하면 미나리는 '미 + 나리' 형태로 미는 믈(水)이 변한 말이며, 나리는 풀과 나물(草菜)의 뜻을 지니므로 물에서 자라는 채소라는 뜻이다. 아재비는 현대어에서 아저씨의 낮춤말이지만 본래의 의미는 숙질간을 가리키는 것으로 아주 가까운 사이를 나타낸다. 아주 가까운 사이인 만큼 생김새에서 여러 가지 공통점 내지 유사점이 많음은 당연한 것이다. 그래서 동식물 이름에 쓰이는 아재비는 비슷하지만 다르다는 뜻으로 사용된다. 결국 미나리아재비는 미나리와 비슷하지만 다르다는 뜻에서 유래된 이름이다. 다른 이름에는 놋동이, 바구니(북한)가 있다.

▲ 미치광이풀

미치광이풀 *(Scopolia japonica)*   가지과

♣ 개화기 4~5월

미치광이풀은 맹독이 있어서 잘 못 먹으면 미친 사람처럼 행동을 하거나 인사불성이 되는 데서 붙여진 이름이다. 실제로 미치광이풀은 atropine 및 Scopolamine 등의 약리 작용이 강력한 알카로이드 성분을 함유하고 있다. 이 성분들은 부교감신경 마비 등의 독작용을 일으켜서, 과량 복용하면 죽음을 초래하게된다. 실제로 우리나라에서도 등산을 간 사람이 미치광이풀의 뿌리를 산약(山藥)인 줄 잘못 알고 복용해 중독사(中毒死)한 일이 있었다. 다른 이름에는 미친풀, 광대작약, 미치광이풀, 초우성, 낭탕, 독뿌리풀(북한)이 있다.

민둥제비꽃 *(Viola phalacrocarpa for. glaberrima)*   제비꽃과

♣ 개화기 4~5월

민둥제비꽃은 양지에서 자라는 제비꽃 종류의 다년초로 털제비꽃과 달리 털이 없고 연보라색 꽃을 피우는 데서 유래된 이름이다. 다른 이름에는 대둔산오랑캐, 털제비꽃, 민둥산제비꽃(북한)이 있다.

▲ 민들레

민들레 *(Taraxacum platycarpum)*

국화과

♣ 개화기 4~5월

민들레는 고유어 이름으로 그 유래가 명확하지 않다. 다만 방언이름과 생태적 특성을 고려해 보면 문둘레에서 유래되지 않았을까 하는 생각도 든다. 실제로 민들레에는 "어느새 내 마음 민들레 홀씨 되어 강바람 타고 훠어훨 훠어훨 내 곁으로 간다" 라는 노래 가사처럼 씨앗에 흰 관모(冠毛)가 있어서 바람을 타고 먼 곳까지 종자를 운반할 수 있도록 되어 있다. 그렇다보니 예전에는 사립문 둘레에서도 흔히 볼 수 있었으며, 이 점에서 문둘레라고 하던 것이 민들레로 변화되었을 가능성이 있다.

▲ 너도바람꽃

▲ 꿩의바람꽃

바람꽃 *(Anemone narcissiflora)*　　　　　　　　　미나리아재비과

♣ 개화기 6~7월

바람꽃은 잎이나 꽃의 모양이 매우 가늘어 바람에 쉽게 산들거리는 데서 유래된 이름이다. 다른 이름에는 조선바람꽃이 있다. 속명은 Anemone로 바람 또는 바람의 딸이라는 뜻인데, 이것이 바람꽃이라는 이름을 붙이는 데 영향을 주었다고 생각된다.

바위돌꽃 *(Rhodiola rosea)*   돌나물과

♣ 개화기 7~8월

바위돌꽃은 고산의 바위 위에 자라는 것으로 그 잎이 마치 꽃과 같이 생겨서 이러한 명명이 가능하였다. 다른 이름에는 홍경천(중국), 고산홍경천(중국), 큰돌꽃이 있다.

바위떡풀 *(Saxifraga fortunei var. incisolobata)* 　　　　범의귀과

♣ 개화기 | 8~9월

바위떡풀은 바위 위에 떡처럼 달라붙어 자라는 식물이라는 뜻에서 유래된 이름이다. 다른 이름에는 지리산바위떡풀, 털바위떡풀, 섬바위떡풀이 있다. 한편, 우리나라 나무 이름 중에는 '떡' 자가 붙은 나무 이름이 많다. 떡갈나무, 떡느릅나무, 떡오리나무, 떡신갈나무, 떡소리나무… 등. 재미있는 것은 이 '떡' 자 붙은 나무의 잎들이 한결같이 넓고 그 나뭇잎으로 떡을 쪄먹었다는 사실이다.

바위솔 *(Orostachys japonicus)*   돌나물과

♣ 개화기 9월

바위솔은 솔방울처럼 생긴 식물로 바위 위에서 자란다는 데서 유래된 이름이다. 다른 이름에는 와송, 넓은잎지붕지기, 넓은잎바위솔(북한)이 있다.

바위취 *(Saxifraga stolonifera)* 범의귀과

♣ 개화기 5월

바위취는 '바위 위에 자라는 취'라는 데서 유래된 이름이다. 중국 이름은 호이초(虎耳草)로 잎의 모양이 호랑이의 귀처럼 생겼다고 해서 붙여진 이름이다. 이 때문에 바위취를 범의귀로 잘못 알고 있는 경우도 있으나 바위취와 범의귀는 별개의 식물이다.

▲ 백리향

방울새란 *(Pogonia minor)* 　　　　　　　　　　　　　　　　난초과

♣ 개화기 6~8월

방울새란은 방울새의 부리 모양을 하고 있는 것에서 유래된 이름이다. 다른 이름에는 방울새난초, 방울새난이 있다.

백리향 *(Thymus quinquecostatus)* 　　　　　　　　　　　꿀풀과

♣ 개화기 7~8월

백리향은 초본 같지만 실은 높은 산 정상의 바위틈이나 바닷가의 바위 옆에 자라는 낙엽활엽소관목이다. 백리향의 식물체에는 Thymol, P - Cymene Pinene, Linalool 등의 성분이 함유되어 백리향 특유의 향기를 내품는데, 백리향이라는 이름도 이 향기가 백리까지 간다는 데서 유래된 것이다. 다른 이름에는 섬백리향, 산백리향, 일본백리향이 있다.

백양꽃 *(Lycoris koreana)* 　　　　　　　　　　　　　　　수선화과

♣ 개화기 9~10월

백양꽃은 상사화, 석산 등과 같은 속에 속하며 전남 백양산에서 자생하는 꽃이라는 데서 유래된 이름이다. 다른 이름에는 가재무릇, 타래꽃무릇이 있다.

뱀딸기 *(Duchesnea chrysantha)* 장미과

♣ 개화기 4~5월

뱀딸기는 '뱀+딸기' 형태로 이루어진 이름이다. 식물이름에서 접두어 뱀-은 식물의 자생지가 뱀이 서식하는 곳과의 인접성 때문에 뱀을 차용하는 경우가 많다. 그 때문에 뱀딸기도 뱀과는 상관없이 습하고 음침한 곳에서 자라는 것으로 사람이 먹기엔 적당하지 않다는 데서 유래되었다는 설이 있지만 실제로는 뱀이 먹는 딸기라는 뜻에서 유래된 이름이다. 다른 이름에는 배암딸기, 큰배암딸기, 홍실뱀딸기가 있다. 일본이름도 뱀딸기(蛇莓)이다.

▲ 벌개미취

벌개미취 *(Gymnaster koraiensis)* 국화과

♣ 개화기 6~10월

벌개미취는 '벌 + 개미취' 형태로 이루어진 이름이다. 접두어 벌은 보통 벌판을 나타내므로 이 식물은 벌판에서 자생하는 개미취라는 뜻에서 유래된 이름이다. 다른 이름에는 별개미취, 고려쑥부쟁이가 있다.

벌노랑이 *(Lotus corniculatus)* 　　　　　　　　　　　　　　　　콩과

♣ 개화기 5~8월

벌노랑이는 탁 트인 벌판에서 피는 노란 꽃에서 이름이 유래되었다는 설이 유력하며, 잎겨드랑이에서 나온 꽃대 끝에 나비 같은 생김새의 노란 꽃이 피는 데서 유래되었다는 설도 있다.

▲ 범부채

범부채 *(Belamcanda chinensis)* 　　　　　　　　　　　　　　붓꽃과

♣ 개화기 7~8월

범부채는 부채살 모양에 주황색을 띤 꽃잎에 범가죽처럼 알록달록한 무늬가 있는 데서 유래된 이름이다. 다른 이름에는 생약재로 부를 때의 이름인 사간이 있다.

범의귀 *(Saxifraga furumii)* 　　　　　　　　　　　　　　범의귀과

♣ 개화기 7~8월

범의귀는 풀잎에 난 털이 호랑이 귀털 같은 데서 유래된 이름이다. 범의귀를 중국의 호이초(虎耳草)와 같은 식물로 여기는 사람도 있으나 전혀 다른 식물이다. 호이초는 우리말로 바위취라고 하며 잎이 두껍고 흰 반점이 있는 것으로 우리나라의 범의귀와는 형태적으로 유사성을 찾아보기 어렵다. 다른 이름에는 주걱잎범의귀, 범의귀풀(북한)이 있다.

벼룩이자리 *(Arenaria serpyllifolia)* 　　　　　　　　　　　　　　석죽과

♣ 개화기 4~5월

벼룩이자리는 잎이 작으며 오밀조밀한 데서 유래된 이름인 것 같다. 벼룩나물이라 불리기도 하며, 다른 이름에는 좁쌀뱅이, 모래별꽃(북한)이 있다. 일본이름은 벼룩철(蚤の綴り)이다.

▲ 별꽃

별꽃 *(Stellaria media)*　　　　　　　　　　　　　　　　석죽과
♣ 개화기 5~6월

별꽃은 꽃 모양을 작은 별에 비유한 데서 유래된 이름이다. 성성초라 불리기도 한다. 속명 Stellaria도 별이라는 뜻이다.

병아리다리 *(Salomonia oblongifolia)*　　　　　　　　　　원지과
♣ 개화기 7~8월

병아리다리는 아주 작은 풀로 축축한 곳에서 자라는데 그 크기가 작아 이러한 이름이 붙은 것으로 보인다. 다른 이름에는 원지가 있다.

보춘화 *(Polygonatum stenophyllum)*   난초과

♣ 개화기 2~4월

보춘화(報春花)는 고할 報(보) + 봄 春(춘) + 꽃 花(화)로 이루어진 이름으로 봄을 알리는 꽃이라는 뜻에서 유래된 이름이다. 봄에 꽃을 피우는 특성이 이름에 반영된 것이다. 보춘화와 비슷한 형태의 난 이름 중에는 보세란(報歲蘭)이라는 것이 있다. 새해가 됨을 알리는 난이라는 뜻인데, 이것은 보세란이 음력 정월경에 꽃을 피우는 특성에서 유래된 것이다. 보춘화를 중국이나 일본에서는 춘란(春蘭)이라 하는데, 이 역시도 봄에 꽃을 피우는 특성에서 유래된 것이다.

▲ 복수초

복수초*(Adonis amurensis)*   미나리아재비과

♣ 개화기 3~4월

복수초는 일본이름 복수초(福壽草)에서 유래된 것으로 어감이 앙갚음을 뜻하는 복수(復讐)와 같아서 좋지 않다는 의견도 있지만 원래는 좋은 뜻에서 유래된 이름이다. 즉 복수초에서 복수(福壽)는 중국의 시에 자주 등장하는 용어로 행복과 장수를 뜻한다. 이것은 이 식물의 꽃이 부와 영광 그리고 행복을 상징하는 황금색인 데서 유래된 이름이다. 다른 이름에는 가지복수초, 눈색이꽃, 복풀(북한)이 있다. 중국이름은 측금잔화(側金盞花)이다. 일본에서는 복수초로 많이 불리우며 새해에 행복과 장수를 기원하는 선물로 많이 이용하는 까닭에 원일초(元日草)라는 이름도 있다.

봄맞이꽃*(Androsace umbellata)*   앵초과

♣ 개화기 4~5월

봄맞이꽃은 꽃이 이른 봄에 피는 데서 유래된 이름이다. 다른 이름에는 봄마지꽃, 봄맞이, 동전초가 있다. 동전초는 일찍 돋는 잎이 구릿빛을 띠고 꽃의 모양이 엽전을 연상시키는 데서 유래된 것이다.

▲ 애기부들

부들 *(Typha orientalis)*

부들과

♣ 개화기 7월

부들은 꽃가루받이가 일어날 때 부들부들 떤다는 데서 이름이 붙여졌다 한다. 부들보다 작은 것으로 애기부들이 있고 더 작은 것으로 좀부들이 있다. 북한에서는 큰 부들이라고 한다.

▲ 애기부들

▲ 붓꽃

붓꽃 *(Iris sanguinea)*   붓꽃과

♣ 개화기 5~6월

붓꽃은 꽃봉오리가 터지기 직전의 모양이 먹물을 품은 붓 같이 보인다고 해서 붙여진 이름이다. 이와 함께 잎이 좁아 붓과 같은 데서 유래되었다는 설도 있다. 북한에서는 란초라고 부른다.

비비추 *(Hosta longipes)* 　　　　　　　　　　　　　백합과

♣ 개화기 7~8월

비비추의 옛 이름은 비비취로 '비비 + 취'의 형태이다. 비비는 이 식물을 나물 등으로 식용할 때 식물에 약간의 독성이 있으므로 거품이 나오도록 비벼서 씻은 데서 유래된 것이다. 취는 시금치, 상치, 소래채, 곰취, 참취 등에서 볼 수 있듯이 나물이나 푸성귀를 나타내는 데 쓰인 옛말이다. 북한에서는 바위비비추라고 부른다.

人

사위질빵 *(Clematis apiifolia)*   미나리아재비과

♣ 개화기 6~9월

사위질빵은 '사위와 질빵(줄)'이 결합한 형태이다. 덩굴이 질빵(줄)처럼 길게 뻗어나가기는 하나 연약하다는 데서 유래된 이름이다. 북한에서는 질빵풀이라 하는데 여기서 질빵은 짐을 짊어지는 데 쓰는 줄이다. 옛날 농가에서는 가을이 되면 칡덩굴이나 인동덩굴, 미역순나무덩굴, 다래덩굴, 으름덩굴, 댕댕이덩굴 등 덩굴 식물들을 잘라서 농기구나 세공용품의 재료로 많이 사용하였다. 이 중 다른 덩굴들은 대단히 질겨서 좀처럼 끊어지지 않지만 유독 사위질빵 덩굴만은 굵은 줄기임에도 잘 끊어졌다. 이름에 사위를 차용한 것은 그런 특징 때문인 듯하다.

산마늘 (*Allium victorialis*) 　　　　　백합과

♣ 개화기 5~7월

산마늘은 '산 + 마늘' 형태로 야생마늘이라는 뜻에서 유래된 이름이다. 고급산채로 취급되며 다른 이름에는 맹이, 맹이풀, 신선초, 서수레(북한)가 있다.

▲ 산오이풀

산오이풀 (*Sanguisorba hakusanensis*) 장미과

♣ 개화기 8~9월

산오이풀은 '산 + 오이풀' 형태로 높은 산에서 자라며 다홍색 꽃이 초가을에 피고 잎에서 오이 냄새가 나는 데서 붙여진 이름이다.

삼백초 *(Saururus chinensis)*   삼백초과

♣ 개화기 6~8월

삼백초는 잎, 꽃, 뿌리가 흰색이고, 윗부분에 달린 2~3개의 잎도 점차 희어지기 때문에 삼백초(三白草)라고 한다.

▲ 삼지구엽초

삼지구엽초(Epimedium koreanum)   매자나무과
♣ 개화기 5월

삼지구엽초는 땅 속 줄기에서 나온 줄기 윗 부분에 세 개의 가지를 치고 가지마다 세 개씩의 잎들이 달려 총 9개의 잎을 이룬다. 따라서 석三(삼), 가지枝(지), 잎葉(엽), 풀草(초)자로 삼지구엽초(三枝九葉草)라고 부르는데, 한방에서는 음양곽이라는 이름으로 더 잘 알려져 있다. 음란할淫(음), 양羊(양), 미역藿(곽)자로 쓰는데, 양의 음부 작용에 좋은 미역풀이란 뜻을 담고 있다.

삿갓풀(Paris verticillata)   백합과
♣ 개화기 5~7월

삿갓풀은 잎 모양이 삿갓모양 같은 데서 유래된 이름이다. 다른 이름에는 삿갓나물이 있다. 지역에 따라서는 국화과의 우산나물을 삿갓나물이라 부르기도 한다.

상사화 *(Lycoris squamigera)*   수선화과

♣ 개화기 8월

상사화는 잎과 꽃이 함께 존재하지 못하는 생태적 특성에서 유래된 이름이다. 상사화(相思花)의 잎은 봄에 비늘줄기에 해당하는 인경에서 모여 나와 6~7월경에 마르고 8월에 꽃대가 올라와서 꽃을 피워 잎과 꽃이 서로 보지 못하는데, 이러한 생태적 특성으로 꽃은 잎을 생각하고 잎은 꽃을 생각한다는 데서 붙여진 이름이다. 중국이름은 자화석산(紫花石蒜), 일본이름은 하수선(夏水仙)으로 여름에 피는 수선이라는 뜻에서 유래되었다.

새끼노루귀 *(Hepatica insularis)* 　　　　　　　　미나리아재비과

♣ 개화기 4월

새끼노루귀는 '새끼 + 노루귀' 형태로 이루어진 이름이다. 새끼는 낳은 지 얼마 안 되는 짐승을 가리키는 것으로 노루귀의 일종인 이 식물이 소형인 데서 차용된 것이다. 즉 노루귀에 비해 전체가 소형이고 꽃받침 조각 또한 5개로 짧은 데서 유래된 이름이다.

▲ 새우난초

새우난초 *(Calanthe discolor)* 난초과

♣ 개화기 4~5월

새우난초는 뿌리줄기의 마디가 많아 새우등처럼 생겨 있는 데서 유래된 이름이다. 같은 속에 속하는 식물로 꽃색이 밝은 노란색인 금새우난이 있고 여름에야 꽃이 피는 여름새우난초도 있다.

▲ 석산

석산 *(Lycoris radiata)* 수선화과

♣ 개화기 9~10월

석산은 중국이름 석산(石蒜)을 차용한 이름이다. 석산(石蒜)의 인경에는 리코린(lycorin)이라는 유독물질이 있는데 채취 후 곧바로 먹으면 해롭지만 물에 우려서 독성을 제거하면 식용이 가능하다. 옛날 중국에서는 석산의 인경에 함유된 전분을 구황식량으로 이용하였는데 이 구근이 마늘과 닮았고 마늘처럼 식용으로 이용한 데서 석산이라는 이름이 유래되었다. 어떤 사람들은 석산을 피안화(彼岸花)로 부르기도 하는데 피안은 불교와 관련된 말이다. 피안은 도피안(到彼岸)의 준말로서 생사고해, 즉 모든 번뇌에 얽매인 고통의 세계를 건너 이상경(理想境)인 열반(涅槃)의 세계에 도달하는 것 또는 그 경지를 말한다. 이 때문에 피안화라는 이름의 유래를 석산의 생육습성에 결부시켜 해석하는 사람도 있다. 석산은 꽃이 완전히 지고 나면, 잎이 자라나 눈 속에서 겨울을 보내고 이듬해 5월경 완전히 말라버린다. 그래서 더운 여름동안은 자취도 없이 지내는데 가을이 되면 다시 매끈한 초록빛 꽃대가 쑥 자라나 붉은 꽃을 피운다. 이러한 생태가 현생의 고통에서 벗어나 열반의 세계에 드는 것 같다 하여 피안화(彼岸花)라는 것이다. 그러나 이것은 피안화라는 이름을 우리나라 이름으로 잘못 알고 그 생태와 연결시켜 해석한 데서 온 오류이다. 원래 피안화는 석산에 대한 일본이름으로 가을의 피안(일본에서는 봄과 가을에 피안이라는 불교행사가 있다) 경에 이 꽃이 피는 것에서 유래된 것이다. 가을가재무릇, 꽃무릇이라는 이름도 있다.

섬초롱꽃 *(Campanula punctata* var. *takeshimana)* 초롱꽃과

♣ 개화기 6~9월

섬초롱꽃은 섬에서 자생하는 초롱꽃이라는 뜻에서 유래된 이름이다. 우리나라에는 섬이 많이 있지만 식물이름에서 접두어로 사용되는 섬- 은 주로 울릉도를 가리킨다. 섬초롱꽃도 울릉도 특산이다. 한편 조선시대 유학자 유희가 쓴 〈물명고(1824)〉에는 초본류 545종, 목본류 206종에 대해 한글 이름이 표기되어 있는데 거기에는 섬- 자가 접두어로 참여한 이름이 하나도 없다. 그런데도 오늘날에는 다수의 식물에 자생지가 울릉도 혹은 섬을 나타내는 접두사로 쓰이는데, 이것은 일제 강점기 때 일본인들이 울릉도 자생식물임을 나타내고자 식물의 이름에 섬자를 접두어로 사용한 데서 유래된 것이다.

▲ 솔나리

손바닥난초 *(Gymnadenia conopsea)*   난초과

♣ 개화기 6~7월

손바닥난초는 뿌리의 일부분이 손바닥처럼 굵어지는 데서 붙은 이름이다. 다른 이름에는 손뿌리난초, 뿌리난초, 손바닥난(북한)이 있다.

솔나리 *(Lilium cernuum)*   백합과

♣ 개화기 6~7월

솔나리는 '솔+나리' 형태로 이루어진 이름이다. 솔은 이 식물의 잎이 솔잎처럼 가늘어서, 나리는 이 식물이 나리의 한 종류인 데서 유래된 것이다.

솔나물 *(Galium verum)* 꼭두서니과

♣ 개화기 6~8월

솔나물은 '솔+나물' 형태로 잎이 솔잎처럼 선형인 나물이라는 뜻에서 유래된 이름이다.

▲ 솔붓꽃

솔붓꽃 *(Iris ruthenica)* 　　　　　　　　　　　　　　　　　　　붓꽃과

♣ 개화기 4~5월

식물이름에서 솔- 이 접두어로 사용된 이름은 대부분 잎이 솔잎과 같은 데서 유래된 것이지만 솔붓꽃은 용도에서 유래된 것이다. 즉 옛날에 이 식물의 뿌리로 솔을 만들어 이용한 데서 유래된 이름이다. 다른 이름에는 가는붓꽃이 있다.

솜나물 *(Leibnitzia anandria)* 　　　　　　　　　　　　　　　　　국화과

♣ 개화기 3~9월

솜나물은 잎자루와 잎 뒷면에 흰털이 덮여 있어 솜처럼 보이는 데서 유래된 이름이다. 다른 이름에는 까치취, 부시깃나물이 있다.

▲ 솜다리

솜다리 (*Leontopodium coreanum*) 국화과

♣ 개화기 6~7월

솜다리는 식물 전체에 흰색의 고운 솜털이 감싸고 있는 데서 유래된 이름이다. 영어 이름 에델바이스(Edelweiss)는 고귀한 흰빛이라는 독일어에서 유래된 것이다.

쇠서나물 (*Picris davurica*) 국화과

♣ 개화기 6~9월

쇠서나물은 잎에 거센 털이 있고, 거친 양면이 소의 혀같이 깔깔하다고 해서 소의혀나물(쇠서나물)이라는 이름이 붙여졌고, 이것이 쇠서나물로 변했다는 설이 있다.

▲ 수련

수련 *(Nymphaea tetragona)*   수련과

♣ 개화기 7~8월

수련은 물에서 자라는 연이라는 뜻에서 유래된 이름이라고 생각하는 사람이 많다. 그런데 수련의 한자 이름은 수련(水蓮)이 아니라 수련(睡蓮)이다. 아침 햇빛과 함께 피고, 저녁놀과 함께 잠든다고 해서 잠잘 수(睡)자를 써서 수련(睡蓮)인 것이다. 그런가 하면 한낮에 핀다 하여 자오련(子午蓮)이란 이름도 있다. 일본이름은 미초(未草)로 역시 미시(未時 : 오후 1~3시)에 꽃이 피는 데서 유래된 것이다.

수선화 *(Narcissus tazetta)*
♣ 개화기 1~3월

수선화는 본래 중국 이름 수선(水仙)에서 유래된 이름으로 유래에 관해서는 여러 가지 설이 있다. 〈본초강목(本草綱目)〉에는 낮은 온도의 땅에서 잘 자라고, 물을 빠뜨릴 수 없기 때문에 수선(水仙)이라 한다라고 기술되어 있지만 물을 빠뜨릴 수 없다는 점은 수선에 한정된 것이 아니기 때문에 이 설명만으로는 무언가 부족하다는 생각이 든다. 중국의 고서에 "물이 있으면 시들지 않기 때문에 수선이라고 한다"는 설명도 있지만 이 역시 쉽게 납득이 가지 않는다. 반면에 하늘에 있는 것은 천선(天仙), 땅에 있는 것은 지선(地仙), 물에 있는 것은 수선(水仙)이라는 설명은 설득력이 있다. 물 안에 있는 선인이라는 뜻으로 그 청초한 꽃의 모습을 선인의 모습에 비유해도 어색하지 않기 때문이다. 또 실제로 수선은 습지에서 잘 생

수선화과

육하고 생명력이 선인(仙人)과 같이 길며, 선인과 같은 깨끗함을 지니고 있다. 수선화의 다른 이름에는 설중화(雪中花), 금잔은대(金盞銀臺)가 있다. 설중화는 눈이 녹기 전에 눈속에서 꽃이 핀다는 데서 유래된 것이며, 금잔은대는 흰 꽃잎의 중심부에 노란 부관(副冠)이 있는 꽃모양이 마치 은대에 금으로 된 술잔을 올려 놓은 것처럼 보인다 해서 붙여진 이름이다.

수염가래꽃 *(Lobelia chinensis)*　　　　　　　　　　　　　초롱꽃과

♣ 개화기 5~7월

수염은 성숙한 남자의 입가, 턱, 뺨에 나는 털인데 식물 이름에서 자주 차용된다. 그렇기 때문에 수염가래꽃은 가래꽃을 기본 종으로 해서 '수염 + 가래꽃' 형태로 이루어진 이름으로 생각하기 쉽다. 하지만 가래꽃이라는 이름을 가진 기본 종이 없으므로 꽃의 생김새가 턱에 돋아난 수염같기도 하고 흙을 떠서 던지는 가래같기도 한 데서 유래된 이름이다. 다른 이름에는 수염가래(북한)가 있다.

▲ 술패랭이꽃

술패랭이꽃 *(Dianthus superbus* var. *longicalycinus)*   석죽과

♣ 개화기 7~8월

술패랭이꽃은 '술+패랭이꽃' 형태로 꽃잎이 술처럼 갈라지는 패랭이꽃이라는 뜻에서 유래된 이름이다. 다른 이름에는 수패랭이꽃이 있다.

실꽃풀 *(Chionographis japonica)*   백합과

♣ 개화기 5~7월

실꽃풀은 꽃의 모양이 흰 실을 풀어놓은 것 같은 모양을 하고 있는 데서 유래된 이름이다. 다른 이름에는 실마리꽃이 있다.

▲ 씀바귀

쓴풀 *(Swertia japonica)*   용담과

♣ 개화기 9~10월

쓴풀은 맛에서 유래된 이름으로 식물체에 쓴맛이 있는 데서 붙여진 것이다. 다른 이름에는 당약이 있다.

씀바귀 *(Ixeris dentata)*   국화과

♣ 개화기 5~7월

씀바귀는 나물의 맛이 쓰다고 하여 '씀' 이라는 부가어가 결합한 것으로 쓴맛이 있는 데서 유래된 이름이다. 다른 이름에는 씸배나물, 쏨바기, 쓴귀물이 있다.

알록제비꽃 *(Viola variegata)*   제비꽃과

♣ 개화기 5~6월

알록제비꽃은 '알록+제비꽃' 형태로 알록은 이 식물의 잎 표면에 흰색의 얼룩 반점이 있는 데서 유래된 것이다. 제비꽃은 이 식물이 제비꽃 종류인 데서 유래된 것이며, 다른 이름에는 청자오랑캐, 알록오랑캐가 있다.

애기똥풀 (Chelidonium majus) 양귀비과

♣ 개화기 6~8월

애기똥풀은 '애기똥 + 풀'의 형태로 이루어진 이름이다. 식물 이름에서 애기라는 접두어는 작다는 것이 그 속성으로 차용된다. 가령 애기마름은 '마름보다 잎이 작다'는 기술이 그 예이다. 그런데 애기똥풀의 경우는 좀 다르다. 이 식물의 잎이나 줄기를 꺾거나 상처를 내면 등황색(橙黃色) 유액이 나오는데 이것이 애기의 똥과  비슷한 데서 이름이 유래되었다. 그러니까 애기똥풀의 경우는 애기가 단위라기 보다는 애기 똥을 하나의 단위로 차용한 것이다. 다른 이름에는 젖풀, 까치다리, 씨아똥이 있다.

애기마름 *(Trapa incisa)* 마름과

♣ 개화기 7월

애기마름은 '애기 + 마름' 형태로 이루어진 이름이다. 일반적으로 애기가 식물명을 구성할 때는 같은 종류의 식물에 비해 크기가 작지만 예쁜 것에 사용하는 접두어이다. 그러므로 애기마름은 마름보다 잎이 작은 데서 유래된 이름이다. 다른 이름에는 좀마름이 있다.

앵초 *(Primula sieboldii)*

앵초과

♣ 개화기 4~5월

앵초는 중국이름 앵초(櫻草)에서 유래된 이름이다. 앵초는 앵두 櫻(앵)과 풀 草(초)로 이루어진 이름으로 꽃 모양이 앵두꽃과 같다는 데서 유래된 이름이다. 다른 이름에는 취란화, 깨풀, 연앵초가 있다.

양지꽃 *(Potentilla fragarioides)* 장미과

♣ 개화기 4~6월

양지꽃은 서식지를 반영한 이름으로 빛이 많고 건조한, 다시 말해 양지바른 곳에서 잘 자란다하여 붙여진 이름이다. 다른 이름에는 소시랑개비, 왕양지꽃이 있다.

어리연꽃 *(Limnanthemun indica)*   조름나물과

♣ 개화기 8월

어리연꽃은 '어리 + 연꽃' 형태로 이루어진 이름이다. 어리는 병아리 따위를 가두어 기르기 위하여 싸리 등의 가는 나무로 체를 엮어서 둥글게 만든 것을 가리키는 것이다. 하지만 식물이름에서 어리가 접두어로 쓰일 때는 그 식물과 유사하거나 가까움을 나타내는 말로 쓰인 것이다. 어리연꽃도 이 식물이 연꽃과 비슷한 모양을 하고 있는 것에서 유래된 이름이다. 다른 이름에는 금은연이 있다.

어수리 *(Heracleum moellendorffii)* 산형과

♣ 개화기 7~8월

어수리는 식물체가 좀 미련하게 생겼으며 또 야만적으로 전체에 털이 많은 데서 유래된 이름이다.

얼레지 *(Erythronium japonicum)* 백합과

♣ 개화기 4~5월

얼레지는 잎에 어루러기 같은 핏빛 무늬가 있는 데서 유래되었다는 설과 우리 어린이들이 서로 남을 놀려댈 때 쓰는 얼레리꼴레리 중 얼레리라는 말에서 유래되었다는 설이 있다. 그런데 어루러기는 사상균(絲狀菌)에 의하여 살갗에 얼룩얼룩한 무늬가 생기는 피부병의 하나이다. 처음에는 둥근 모양의 작은 점으로부터 시작하여 차차 번지게 되면 황갈색 또는 검은색으로 변한다. 이 어루러기의 옛말이 어르러지며 이것의 어두(語頭) '어르'의 옛말은 얼레이므로 어루러기가 얼레지로 변화되었을 가능성이 크다. 한편 얼레리꼴레리는 알나리와 깔나리에서 유래된 말로 알나리는 나이가 어리고 키가 작은 사람이 벼슬을 했을 때 농담삼아 '아이나리'라는 뜻으로 이르던 말이며 깔나리는 알나리와 더불어 운율을 맞추기 위해 별다른 뜻 없이 덧붙인 말이다. 그러므로 얼레리라는 말은 얼레지와 관련성이 적어 보인다. 다른 이름에는 가재무릇이 있다.

▲ 여름새우난초

여름새우난초(Calanthe reflexa) 난초과

♣ 개화기 8월

여름새우난초는 '여름 + 새우난초' 형태로 이루어진 이름이다. 여름은 개화시기를 나타낸 것으로 여름에 꽃이 피는 새우난초라는 뜻에서 유래된 이름이다. 다른 이름에는 여름새우난이 있다.

여우꼬리사초(Carexblepharicarpa var. insularis) 사초과

♣ 개화기 4~6월

여우꼬리사초는 '여우꼬리+사초' 형태로 이루어진 이름이다. 여우꼬리는 잎의 모양이 여우의 일부분(꼬리)과 닮은 데서 유래된 것이며, 사초(莎草)는 모래에서 잘 자라는 풀이라는 뜻에서 유래된 이름이다. 한편 여우가 사용된 식물명의 기술을 보면 주로 생긴 모양이 길고 뾰족한 잎을 가지고 있다거나 열매가 잘고 여읜 것 등이 동물 '여우'와 비슷한 속성을 가졌다는 데 착안하여 명명한 것이 많다. 또 동물명인 여우가 가지는 속성에 의한 여러 가지 비유적 의미들은 식물명 단어에서 차용하는 의미와 일반어에서 차용하는 의미가 각기 다르다. 예컨대 여우오줌풀, 여우구술, 여우꼬리사초와 같이 여우가 식물명에 차용된 경우는 해당 식물의 특징적인 모양이 '여우'의 일부와 닮은 것이라든지 여우의 속성을 닮은 경우로 보인다. 다른 이름에는 섬사초가 있다.

여우주머니 *(Phyllanthus ussuriensis)*   대극과

♣ 개화기 6~10월

여우주머니는 꽃이 잎겨드랑이에 동그란 모양으로 조그맣게 줄지어 달려 있는데, 이를 특징 삼아 여우와 관련시켜 붙인 이름이다.

연꽃 *(Nelumbo nucifera)* 　　　　　　　　　　　　수련과

♣ 개화기 7~8월

연꽃은 중국이름 연(蓮花)에서 유래된 이름이다. 연(蓮)은 연뿌리의 마디마다 실 뿌리를 내리고 진흙 속을 기면서 계속 이어지는 연(連)모양을 갖는 식물(艸)이라는 뜻에서 붙여진 것이다.

오이풀 *(Sanguisorba officinalis)*   장미과

♣ 개화기 6~9월

오이풀은 잎을 꺾어서 냄새를 맡으면 오이와 같은 향기가 나는 데서 유래된 이름이다. 다른 이름에는 수박풀, 외순나물, 지우초가 있다.

옥잠화 *(Hosts plantaginea)* 　　　　　　　　　　　　백합과

♣ 개화기 8~9월

옥잠화는 중국이름 옥잠(玉簪)에서 유래된 이름이다. 실제로 가지런하고 깨끗한 잎을 차곡 차곡 달고서 단정하게 자리잡은 풀 포기는 마치 선녀가 떨어뜨리고 간 옥비녀를 연상케 한다. 〈군방보(群芳譜)〉에는 "한(漢)나라의 무제(武帝)가 총애한 이부인(李婦人)이 옥잠(玉簪)을 꺾어서 머리에 장식하였다. 이것을 보고 후궁(後宮)들이 모두 흉내를 내기 시작하였는데, 그로 인해 옥잠화(玉簪花)라 하게 되었다"고 기록되어 있다. 다른 이름에는 옥비녀와 백학선이 있다. 옥비녀는 꽃봉오리가 옥비녀를 닮았다고 해서 붙여졌으며, 백학선(白鶴仙)은 고고한 학을 연상하게 한다고 해서 붙여진 것이다.

올챙이자리 *(Blyxa echinosperma)*   자라풀과
♣ 개화기 8~9월

올챙이자리는 수초로서 개구리밥처럼 인접성에 의해 명명된 것이다. 다른 이름에는 올챙이풀, 물챙이자리(북한)가 있다.

왜솜다리 *(Leontopodium japonicum)*   국화과
♣ 개화기 8~9월

왜솜다리는 '왜 + 솜다리' 형태로 이루어진 이름이다. 식물 이름에서 파생 접두사 왜는 키가 작거나 일본이 원산지인 것을 나타내는데 왜솜다리에서는 키가 작은 것을 나타낸 것이다. 다른 이름에는 북솜다리(북한)가 있다.

외대바람꽃 *(Anemone nikoensis)*   미나리아재비과
♣ 개화기 4월

외대바람꽃은 '외대 + 바람꽃' 형태로 이루어진 이름이다. 외대는 꽃대 1개가 나와 그 끝에 한송이 꽃을 피우는 데서, 바람꽃은 바람꽃의 한 종류로 바람에 쉽게 산들거리는 데서 유래된 이름이다.

용담 *(Gentiana scabra bunge* var. *buergerii)* 　　　　용담과

♣ 개화기 8~10월

용담은 용(龍)의 쓸개(膽)라는 뜻에서 유래되었다는 설이 있다. 이 설에 의하면 뿌리의 쓴맛이 용의 쓸개와 같으므로 그 쓴맛의 정도를 짐작할 수 있다. 한편 쓸개는 보통 곰의 것이 효능이 있는데, 이 식물의 뿌리는 웅담보다 더 효험이 있으므로 곰보다 강한 상상의 동물인 용의 쓸개를 이름의 구성요소로 차용했다는 설도 있다. 그런 점에서 용담에서 용(龍)은 쓴맛이든 효과 측면이든 모두 최상급으로 해석해야 한다. 이를 뒷받침할 만

한 옛 문헌은 없지만 용담의 잎이 가마중(龍葵)을 닮았고 뿌리가 쓸개만큼 쓰다고 해서 붙여진 이름이라는 기록이 있다. 어느 것이나 용(龍)자에 대한 해석은 다르지만 담(膽)이 쓴맛을 나타내는 것만은 분명하다. 실제로 용담의 뿌리에는 쓴맛을 내는 겐티오피크린이라는 성분이 함유되어 있는데, 이 성분은 침과 위액의 분비를 촉진하고 장을 활성화시켜 식욕을 증진시키는 효능이 있다. 다른 이름에는 초룡담, 섬용담, 과남풀, 선용담, 초용담이 있다. 중국이름과 일본이름도 용담이다.

용머리 *(Dracocephalum argunense)* 꿀풀과

♣ 개화기 6~8월

용머리는 식물체의 끝에 달려 있는 화려한 자주빛의 꽃이 용머리 같다 하여 상상의 존재인 용에 비유하여 이름을 붙인 것이다. 속명 Dracocephalum은 그리스어 dracon(용)과 cephala(머리)의 합성어이다.

우산나물 *(Syneilesis palmata)* 　　　　　　　　　　　　　　　　　　국화과

♣ 개화기 6~10월

우산나물은 식물체의 모양이 우산과 닮은 데서 유래된 이름이다. 다른 이름에는 삿갓나물이 있다. 우리나라에서는 19세기 말에 양산이 들어와 상류층에서 우산을 겸해 썼을 것으로 추정된다. 고려 때는 '장양항우산(張良項羽傘)'이라 하여 양산과 우산을 겸해 벼슬아치들이 외출할 때 썼고 조선시대에도 마찬가지였다. 서민들은 하늘에서 내리는 비를 우산으로 받는 것은 불경이라 하여 사용을 금지 당했다. 대신 도롱이와 삿갓(대오리나 갈대로 거칠게 엮어 비나 볕을 가리기 위해 쓰는 갓의 총칭)으로 비를 막으며 일을 했고 햇빛가리개를 쓴다는 것은 상상도 못할 일이었다. 그런 점에서 서민들은 우산나물 보다는 삿갓나물이라 했지 않았을까 싶다. 중국과 일본에서는 잎의 모양이 찢어진 우산과 닮았다고 해서 찢어진우산(破傘)이라 한다.

한편, 나무 이름에도 우산이 접두어로 사용된 것이 있다. 대표적인 것에는 우산고로쇠가 있는데, 이 이름에서 접두어 우산은 나무의 형태를 일컫기보다 울릉도에 자생하는 고로쇠나무라는 뜻에서 붙여진 것이다. 울릉도의 옛날 지명이 우산(宇山)이기 때문이다.

▲ 원추리

원추리 *(Hemerocallis fulva)*

백합과

♣ 개화기 6~8월

원추리란 말은 〈산림경제〉에서 처음 나온다. 기록에 훤초는 원츄리 또는 업ㄴ믈이라고 되어 있다. 그러나 그보다 훨씬 이전에 나온 〈훈몽자회〉에는 훤(萱)은 넘ㄴ물로 풀이되어 있다. 그러니까 원추리 고유의 이름은 넘나물 또는 엄나물이다. 한편 원추리를 〈물명고(物名考)〉에서는 '원쵸리' 라 하고 〈물보(物譜)〉에는 '원츌리' 라 했는데 아마도 중국명인 훤초(萱草)가 변하여 된 이름으로 생각된다. 발음하기가 힘든 훤초에서 ㅎ이 탈락되어 원초가 된 것이다. 이 원초가 모음 조화에 의해 원추로 되고, 이것에 다시 리가 첨가되어 원추리로 변한 것 같은데, 도식으로 나타내면 '훤초 → 원초 → 원추 → 원추리' 이다. 우리의 화초 이름 가운데서 고유어처럼 보이는 것 중에는 이처럼 한자음이 변해서 된 것이 적지 않다. 다른 이름에는 의남초(宜男草)가 있다. 주나라의 〈풍토기(風土記)〉에는 임신한 부인이 원추리를 몸에 지니고 다니면 아들을 낳는다고 하여 '의남초(宜男草)라는 별명이 붙여졌다고 한다. 의남이란 아들을 많이 낳는 부인을 가리키는 말이다. 한편, 동양화를 보면 바위 옆에 원추리를 그린 그림이 더러 있는데 이런 그림의 의미는 단순한 감상화가 아니라 생남장수(生男長壽)를 비는 일종의 부적(符籍)과 같은 것이다. 원추리가 의남(宜男)을 상징하고 바위가 십장생의 하나로 장수(長壽)를 상징하기 때문이다. 따라서 그런 그림은 보통 여자의 방에 거는 그림이라고 할 수 있다.

▲ 은방울꽃

은방울꽃 *(Convallaria keiskei)*   백합과
♣ 개화기 4~5월

은방울꽃은 꽃을 작은 은방울에 비유해서 붙여진 이름이다. 꽃이 하얗고 방울 모양이기 때문이다. 일본에서는 은방울꽃을 영란(鈴蘭)이라고 해서 난(蘭)이라는 글자가 붙어 있지만, 원래 난과는 아니고 백합과의 화초이다.

이른범꼬리 *(Bistorta tenuicaulis)*   마디풀과
♣ 개화기 4~5월

이른범꼬리는 범꼬리와 관련지어 볼 때 부가어 '이른'에 그 생태적인 특성이 나타나 있다. 즉 7~8월에 꽃이 피는 범꼬리에 비해 이른범꼬리는 4~5월에 꽃이 피는데 이러한 사실에 착안하여 '이른'을 사용한 것이다. 다른 이름에는 봄범의꼬리가 있다.

이질풀 *(Geranium nepalense)* 쥐손이풀과

♣ 개화기 8~9월

이질풀은 이 풀을 달여 먹으면 이질에 탁월한 효과가 있다는 데서 유래된 이름이다. 이질(痢疾)은 뒤가 잦으며 곱똥이 나오는 병으로 피가 섞여 나오는 것을 적리(赤痢), 흰 곱만 나오는 것을 백리(白痢)라 하는데 이질풀의 농축액은 적리균(赤痢菌), 장티프스, 대장균에 살균효과를 갖고 있다. 이것은 식물의 외양적인 특성과는 관계없이 인간 생활에서의 쓰임(약리작용)을 특징으로 삼아 명명한 것으로 이질이라는 특정 병명이 식물이름을 구성하고 있는 경우이다. 다른 이름에는 쥐손이풀, 개발초, 거십초, 붉은이질풀, 민들이풀, 분홍이질풀이 있다.

익모초 *(Leonurus japonicus)*   꿀풀과

♣ 개화기 6~9월

익모초는 부인들 특히 산모와 어머니(母)를 이롭게(益) 하는 풀(草)로, 부인병을 다스릴 때 쓰이는 데서 유래된 이름이다. 다른 이름에는 임모초, 육모초가 있다.

인동덩굴 *(Lonicera japonica)* 　　　　　　　　　　　　　인동과

♣ 개화기 6~7월

인동덩굴은 덩굴성으로 겨울에도 잎의 일부가 푸르게 남아 겨울을 이겨낸다는 데서 유래된 이름이다. 한편 꽃이 흰색(은색)으로 피었다가 노란색(금색)으로 변한 후 진다 하여 금은화라고도 부른다. 다른 이름에는 인동이 있다.

자라풀 *(Hydrocharis dubia)* 자라풀과

♣ 개화기 8~10월

자라풀은 잎이 둥글고 반들반들하여 마치 자라의 등껍질과 같다는 데서 유래된 이름이다. 또는 잎 뒷면에 있는 공기주머니가 자라등 같다는 데서 유래되었다고 한다. 다른 이름에는 수련아재비가 있다.

자란 *(Bletilla striata)* 난초과

♣ 개화기 5~6월

자란은 일본이름 자란(紫蘭)을 차용한 것으로 자색의 난이라는 뜻에서 유래된 이름이다. 식물이름에는 꽃이나 식물의 색깔을 특징 삼아 붙인 이름이 많은데 중국이름에는 금색이나 황색이, 일본이름에는 자색을 나타내는 이름이 많은 편이다. 다른 이름에는 대암풀이 있다.

▲ 작약

작약 *(Paeonia lactiflora)*   미나리아재비과

♣ 개화기 5~6월

작약은 중국이름 작약(芍藥)에서 유래된 이름이다. 작약은 "적(癪)을 그치는 약"이라는 의미에서 유래된 것으로 적(癪)은 배나 가슴에 발작적으로 심한 통증을 일으키는 병을 말한다. 실제로 한방에서는 작약의 뿌리를 건조한 것을 달여 복용하면 복통, 신경통 등의 진통제에 효과가 있다고 알려져 있고, 통풍이나 부인병에도 이용된다. 그 밖에 꽃의 모습이 아름답다(綽約)는 뜻에서 이름이 유래되었다는 설이 있지만 다소 설득력이 약하다. 다른 이름에는 함박꽃이 있는데, 꽃 모양이 크고 풍부함이 함지박처럼 넉넉하다고 붙여진 것이다.

잠자리난초 *(Habenaria linerarifolia)*   난초과

♣ 개화기 6~8월

잠자리난초는 꽃이 잠자리가 앉은 것처럼 피는 데서 유래한 것이다. 다른 이름에는 해오라비아재비, 십자란(북한)이 있다.

장구채 *(Melandryum firmum)*   석죽과

♣ 개화기 7월

장구채는 줄기에 비하여 꽃이 비정상적으로 큰 편이다. 꽃은 통부가 볼록하고 긴 타원형으로 전체적으로 장구를 치는 채와 닮은 모양인 데서 유래된 이름이다.

▲ 제비꽃

제비꽃 *(Viola mandshurica)*

♣ 개화기 4~5월

제비는 예로부터 9월 9일 중양절에 강남에 갔다가 3월 3일 삼짇날 돌아온다고 해서 날이 겹치는 양수날에 갔다가 돌아오는 길조라고 여겼다. 이 제비의 이름을 차용한 제비꽃은 제비가 날아오는 때와 이 식물이 꽃을 피우는 시기가 일치한다는 점에 착안하여 이름을 붙인 것으로 보인다. 그런가 하면 제비꽃 종류 중에 제비를 연상시키는 모양을 가진 것이 있는데 이것에서 유래되지는 않았을까 하는 의문도 있으므로 시간이 넉넉한 사람이라면 한번 연구해 볼 일이다. 제비꽃은 오랑캐꽃이라 불리던 때가 있었다. 이 이름의 유래에 대해서는 꽃이 필 때쯤이면 양식이 떨어진 오랑캐들이 매년 북쪽에서 쳐내려온다고 해서 붙었다는 설이 많다. 그러나 역사적 사실을 들추어보면 1627년 1월에 시작된 정묘호란, 1636년 1월에 시작된 병자

제비꽃과

호란 등 오랑캐(오랑캐는 원래 여진족을 일컫는 말이었으나 후에 외세의 침입자 전체를 가리 킨 말로 사용되었다)들이 침입한 시기와 제비꽃이 피는 시기와의 관련성은 적다. 그러면 왜 오랑캐꽃이라는 이름이 붙었을까? 시집 〈오랑캐꽃(1947)〉에 실린 이용악의 시 「오랑캐 꽃,(1939)」이 이에 대한 궁금증을 풀어주고 있다. "긴 세월을 오랑캐와의 싸움에 살았다 는 우리의 머언 조상들이 너를 불러 오랑캐 꽃이라 했으니 어찌 보면 너의 뒷모양이 머 리태를 드리인 오랑캐의 뒷머리와 같은 까닭 이라 전한다"는 구절이 있기 때문이다. 다른 이름에는 씨름꽃, 장수꽃, 병아리꽃, 외나물 꽃, 반지꽃이 있다. 씨름꽃과 장수꽃은 제비 꽃이 놀이감으로 쓰였던 시절 고사리처럼 굽 은 꽃 모가지를 마주 걸어서 양쪽에서 당긴 다음 먼저 목이 끊어지는 편이 지는 놀이에 서 유래된 것이다. 병아리꽃은 이른 봄 피어

난 꽃이 갓 부화된 병아리 같이 귀엽다는 데서 유래된 이름이다. 외나물꽃은 어린잎을 나물 로 이용한 데서 유래된 이름이다. 반지꽃은 꽃 밑에 달린 거(距)의 끝을 자른 다음 꽃대를 꽃 안에서 거꾸로 통과시키고, 그것을 친구의 손가락 굵기에 알맞은 꽃반지로 만들어 끼워준 데 서 유래된 이름이다. 한편, 제비꽃은 동양화 소재로도 자주 쓰이는데 이는 여의초라는 이름 과 그 상징성 때문이다. 여의초(如意草)라는 이름은 굽어 있는 제비꽃 꽃자루 끝이 꼭 물음 표(?) 머리 같이 생긴 것을 여의에 비유한 데서 유래된 이름이다. 본래 여의(如意)는 가려운 등을 긁을 때 쓰던 도구로 내 맘대로 어디든 척척 긁을 수 있다는 것을 뜻한다. 그래서 귀금 속으로 만들어져 귀인(貴人)들이 지니는 치렛거리가 되기도 했지만 뜻은 여전히 "만사가 생 각대로 된다"는 상징을 갖는다. 동양화에 그려진 제비꽃도 모든 일이 뜻대로 이루어지길 축 원하는 상징을 갖는다.

▲ 제비난초

제비난초 *(Platanthera freynii)* 　　　　　　　　　　　　난초과

♣ 개화기 6~7월

제비난초는 '제비+난초' 형태로 이루어진 이름으로 꽃이 제비가 나는 모양과 닮은 난초라는 뜻에서 유래된 이름이다. 다른 이름에는 향난초, 제비난이 있다.

제비붓꽃 *(Iris laevigata)* 　　　　　　　　　　　　　　붓꽃과

♣ 개화기 5~6월

우리말에 맵시 있는 사람을 물찬 제비 같다고 하는 표현이 있는데, 실제로 날짐승 중에서도 맵시 있기로 으뜸으로 꼽히는 것이 제비이다. 새 타령에 "황새란 놈은 다리가 기니 우편배달로 돌리고, 제비란 놈은 맵시가 좋으니 기생방으로 돌리라"는 재미있는 구절이 있듯이 그 맵시 있는 제비가 물을 차고 솟아오르는 아름다운 모습, 그것이 바로 제비붓꽃의 모습이다. 안쪽의 꽃잎이 위로 향해 뾰족뾰족 일어선 폼이 마치 우뚝 솟은 제비와 같이 날씬하다 하여 제비가 접두어로 참여하여 구성된 이름이다. 다른 이름에는 푸른붓꽃이 있다. 중국에서는 이 꽃을 연자화(燕子花)라 하는데 이 역시 꽃 모습이 제비와 같은 데서 유래된 이름이다.

족도리풀 (*Asarum sieboldii*)

쥐방울덩굴과

♣ 개화기 | 4~5월

족도리풀은 꽃의 모양이 혼례 때 신부의 머리에 쓴 족두리의 모양과 닮았다하여 붙여진 이름이다. 족두리는 옛날 당의나 소례복, 대례복을 입을 때 혹은 전통 결혼식 때 착용하는 장신구이다. 이는 본래 몽고의 풍속으로 고려 때 원나라와 통혼(通婚)하면서 들어오게 된 고고리(古古里)라는 몽고의 모자에서 변형된 것이며, 명칭 또한 족두리로 변화되었다. 때문에 족도리풀이 아니라 족두리풀로 표기하는 것이 정확하다는 주장도 있지만 이것은 족두리란 말의 이전 형태가 족도리였다는 사실을 간과해서 그럴 것이다. 18세기의 〈청구영언〉에 "내 족도리 중놈 베고"라고 쓴 구절이 있다. 그러다가 19세기의 국문소설 〈한중록〉에는 "족두리의 구슬을 얽은 것을 보시고"라고 쓴 예가 있다. 즉 족두리란 말은 '족도리/ 족두리'로 쓰이다가 오늘날 족두리로 된 것이다. 족도리풀 역시 1937년에 족도리풀로 명기한 후 이름으로 사용되어 오고 있다. 요컨대 족도리가 오늘날 족두리로 쓰일지언정 족도리풀은 족두리와 별개로 식물 이름을 나타내는 고유명사로 되어 있으므로 '족도리풀'로 쓰는 게 더 타당할 것이다. 다른 이름에는 세신, 족도리, 족두리풀이 있다.

▲ 쥐오줌풀

쥐오줌풀 *(Valeriana fauriei)* 마타리과

♣ 개화기 5~8월

쥐오줌풀은 통통한 뿌리에서 냄새가 난다 하여 명명된 이름이다. 다른 이름에는 길초, 긴잎쥐오줌풀, 줄댕가리, 은댕가리, 바구니나물(북한)이 있다.

지네발란 *(Sarcanthus scolopendrifolius)* 난초과

♣ 개화기 6~7월

지네발란은 줄기가 뻗어나가는 모양이 지네가 기어가는 모양이라는 데서 유래된 이름이다. 다른 이름에는 지네난초가 있다.

지리터리풀 *(Filipendula formosa)*   장미과

♣ 개화기 7~8월

지리터리풀은 '지리 + 터리풀' 형태로 이루어진 이름이다. 지리는 지리산을 가리키는 것이며 터리풀은 이 식물이 터리풀의 일종임을 나타낸 것이다. 그러니까 이 식물은 지리산 특산의 터리풀이라는 뜻에서 유래된 이름이다.

질경이 *(Plantago asiatica)*   질경이과

♣ 개화기 6~8월

질경이는 잘 끊어지지 않는 잎의 성질에서 유래한 것이라 한다. 다른 이름에는 길장구, 빼부장, 뿌부쟁이, 배부장이 등 다양하다. 중국의 〈본초강목〉에는 차전채(車前菜), 차과로초(車過路草)로도 기록되어 있다. 차전채는 '소 발자국에서 난다'는 데서 유래되었으며 차과로초는 '수레바퀴가 지나다녀도 끈질지게 자란다'는 데서 유래되었다 한다. 한방에서는 질경이의 성숙한 종자를 건조한 것을 차전자(車前子)라고 하며, 꽃이 필 무렵의 전초(全草)를 건조한 것을 차전초(車前草)라고 한다.

ㅊ

차풀 *(Cassia nomame)* 콩과

♣ 개화기 7~8월

차풀은 차풀과에 속하는 1년생 풀로 키가 30~80cm 정도 된다. 옛날에는 이 풀의 줄기와 잎을 말려 차(茶) 대용으로 끓여 마셨는데, 여기에서 차풀이라는 이름이 유래되었다. 다른 이름에는 며느리감나물, 눈차풀이 있다. 중국 이름은 두다결명(豆茶決明)이다.

▲ 참나리

참나리 *(Lilium tigrinum)*

백합과

♣ 개화기 7~8월

참나리는 '참 + 나리' 형태로 이루어졌으며, 접두어 참은 상대적으로 사람에게 가깝고 유익한 것 또는 화려한 데서, 나리는 이 식물이 나리 종류인 데서 유래된 것이다. 그러니까 참나리는 나리 중에서도 크고 화려해서 붙여진 이름이다. 우리말에서 나리는 일정한 대상보다 높다는 뜻을 가진 낫다의 옛날 말인 나오리에 기원을 둔 단어이다. 또 경우에 따라서는 나물에 기원을 둔 말이기도 하다. 이 나리와 백합에 대한 우리말 이름인 나리와의 상관관계는 알 수 없으나 나리는 꽃 중의 나리로 불릴 정도로 크고 아름다우며 또 나리 중 일부 종은 식용으로도 이용되었던 점으로 보아 다소 관련이 있을 것으로 추정된다. 나리의 중국 이름은 백합(百合)이다. 백합은 구황식량으로도 이용되었던 뿌리(인경 : 鱗莖)가 일백(百)개의 조각이 합(合)해져 이루어졌다는 뜻에서 유래되었다는 설, 젊은 여자가 멍청해지는 백합병(百合病)에 치유 효과가 있는 풀이라는 뜻에서 유래되었다는 설, 동상(凍傷) 후에 생기는 백합병(百合病)에 치유 효과가 있는 식물이라는 뜻에서 유래되었다는 설이 있는데 어느 것이나 꽃보다는 효용성에 중점을 두고 붙인 이름이라는 공통점을 가진다.

▲ 참취

▲ 참취

참새피 *(Paspalum thunbergii)*   벼과

♣ 개화기 7~8월

참새피는 산과 들의 양지바른 풀밭에 나는 것으로서 그 서식지에 인접한 곳에 살고 있는 새 이름을 식물명 구성요소로 차용한 것이다. 다른 이름에는 털피, 납작피가 있다.

참취 *(Aster scaber)*   국화과

♣ 개화기 8~10월

참취는 '참 + 취'의 형태로 이루어진 이름이다. 참은 진짜라는 뜻의 순수한 우리말로서 우리말 큰 사전에 의하면 "허름하지 않고 썩 좋음을 나타내는 말"이라고 되어 있다. 취는 현대말의 채(菜)와 비슷한 옛날말로 나물이나 푸성귀를 나타낼 때 쓰는 말이다. 다른 이름에는 나물취, 암취, 취가 있다. 한편 식물이름에서 접두사 '참-'은 '개-', '돌-' 등에 비교해서 먹을 수 있는 것, 쓸모가 있는 것 등에 붙는 접두사라는 우등한 의미가 부여되는데, '참-'을 이용한 빈번한 식물이름의 조어는 참이 갖는 원래의 의미를 약화시킨 경우도 많다. 또 접두사 '참-'은 변종 혹은 나중에 명명된 식물류와 본래 종을 구별해 주기 위해 쓰는 경우도 있다.

처녀치마 *(Heloniopsis orientalis)*   백합과

♣ 개화기 5~7월

처녀치마는 꽃이 활짝 피었을 때의 모양이 마치 처녀들이 입는 치마같다는 데서 유래된 이름이다. 그런데 이 이름은 1937년에 처음으로 이 식물의 이름을 붙일 때 일본 이름인 처녀하카마(일본식 치마)를 차용하여 명명한 것으로 추정된다.

체꽃 *(Scabiosa mansensis for. pinnata)* 　　　산토끼꽃과

♣ 개화기 7~8월

체꽃은 꽃모양이 농기구 체를 닮았고, 체의 구멍처럼 퐁퐁 뚫려 있는 데서 유래된 이름이다.

▲ 초롱꽃

초롱꽃 *(Campanula punctata)* 초롱꽃과

♣ 개화기 6~8월

초롱꽃은 옛날 밤길을 밝히기 위해 들고 다니던 초롱과 비슷하게 생긴 꽃이 가지 끝에 매달려 밑을 향해 피어 있는 데서 유래된 이름이다.

촛대승마 *(Cimicifuga japonica)* 미나리아재비과

♣ 개화기 5~7월

촛대승마는 '촛대 + 승마' 형태로 이루어진 이름이다. 촛대는 꽃이 피면 기다란 꽃차례(花序)에 여러 개의 꽃이 모여서 위로 곧게 피어나는 데서 유래된 것이다. 승마는 중국이름으로 "약성(藥性)이 상승하고 잎의 모양이 마(麻)와 비슷해 승마(昇麻)라고 한다"는 데서 유래된 것이다. 다른 이름에는 초때승마, 섬촛대승마, 산촛대승마, 외대승마, 나물승마, 섬승마, 대승마(중국)가 있다.

층층둥굴레 *(Polygonatum stenophyllum)* 백합과

♣ 개화기 6~7월

층층둥굴레는 둥굴레 종류로 잎이 층층으로 돌려나며 긴 통 모양의 꽃이 층층으로 피는 데서 유래된 이름이다.

층층이꽃 *(Clinopodium chinense var. Parviflorum)* 꿀풀과

♣ 개화기 7~8월

층층이꽃은 짙은 보라색의 꽃이 층층을 이루어 피는 데서 유래된 이름이다. 다른 이름에는 층꽃, 층층꽃이 있다.

▲ 타래난초 　　　　　　　　　　　　　　　　　　　　　　　▲ 터리풀

타래난초 *(Spiranthes sinensis)*   난초과
♣ 개화기 6~8월

타래난초는 꽃차례(花序) 모양이 실타래를 닮은 모양에서 유래된 이름이다. 다른 이름에는 타래란(북한)이 있다.

타래붓꽃 *(Iris lactea)*   붓꽃과
♣ 개화기 5~6월

타래붓꽃은 '타래 + 붓꽃' 형태로 이루어진 이름이다. 타래는 실, 고삐, 노끈 등을 사려서 뭉쳐놓은 것인데, 이 식물의 잎이 뒤틀린 것을 타래에 비유한 데서 유래된 이름이다.

터리풀 *(Filipendula glaberrima)*   장미과
♣ 개화기 6~8월

터리풀은 '터리 + 풀' 형태로 이루어진 이름인데 터리는 털의 옛말이다. 이 식물의 꽃이 실오라기를 묶어 가지 끝에 맨 것처럼 보인 데서 유래된 이름이다.

털중나리 *(Lilium amabile)*

백합과

♣ 개화기 6~8월

털중나리는 중나리에 비하여 전체에 잔털이 있는 데서 유래된 이름이다.

톱풀 (Achillea alpina) 장미과

♣ 개화기 7~10월

톱풀은 잎의 거치가 톱날과 같다고 해서 붙여진 이름이다. 다른 이름에는 가새풀이 있는데 톱날과 같이 생긴 잎의 거치를 가새에 비유한 데서 유래된 것이다.

투구꽃 (*Aconitum jaluense*)   미나리아재비과

♣ 개화기 9월

투구꽃은 꽃의 모양이 옛 병사들의 투구 모양과 닮은 데서 유래된 이름으로 꽃의 옆모습은 투구 모습 그대로다. 신기한 것은 투구모양의 꽃을 가진 식물답게 매년 조금씩 이동한다는 점이다. 지금까지 자라온 뿌리는 썩어버리고 다음 해에는 옆에 달린 뿌리에서 새싹이 나와 자란 뒤 뿌리의 굵기만큼 움직인다. 괴근(塊根)의 지름을 1cm라 보고 계속 같은 쪽으로 움직인다고 생각할 때 100년이면 1m나 움직인다. 참고로 괴근은 부자라고도 불리우며 사약의 재료로 사용될 만큼 맹독성을 가지고 있다. 다른 이름에는 지아비꽃, 진돌쩌기풀이 있다.

▲ 패랭이꽃

파리풀 *(Phryma leptostachya)*   파리풀과

♣ 개화기 7~9월

파리풀은 수상화서(穗狀花序)에 붙은 열매의 모습이 파리가 거꾸로 붙은 것 같이 보일 뿐 아니라 이 풀의 뿌리를 밥과 같이 찧어 놓아두면 파리가 죽는 데서 유래된 이름이다. 이 식물에 이름을 붙이기 전의 일본 이름은 파리잡는 풀이다.

패랭이꽃 *(Dianthus chinensis)*   석죽과

♣ 개화기 6~8월

패랭이는 옛날 천인(賤人)이나 상인(常人)들이 쓰던 댓개비로 만든 모자의 일종이다. 패랭이꽃은 이 패랭이를 거꾸로 한 것과 같은 모양에서 유래된 이름이다. 다른 이름에는 석죽이 있다. 석죽(石竹)은 중국 이름을 차용한 것으로 패랭이꽃을 대나무에 비유한 데서 유래된 이름인데, 이 이름 때문에 동양화 소재로 자주 쓰여 왔다. 한편, 동양화에서 대나무와 바위를 함께 그리면 대나무 竹(죽)은 祝(축)과 음이 같고, 바위는 壽(수)를 뜻하기 때문에 회갑을 축하하는 그림인 축수도(祝壽圖 : 장수를 축하하는 그림)가 된다. 따라서 죽석도(竹石圖 : 대나무와 바위를 함께 그린 그림)는 장수를 축하하거나 장수를 기원하는 그림이 되는 것이다. 그러면 왜 회갑 축하가 되는 것일까? 옛날에는 대나무가 60년 만에 꽃을 피운다고 알았기 때문에 회갑수를 의미했던 것이다.

▲ 풍란

풍란 *(Neofinetia falcata)* 난초과
♣ 개화기 7~8월

풍란은 중국이름 풍란(風蘭)을 차용한 것으로 산중의 나무 위에 착생하면서 바람(風)을 맞으며 생육하는 난(蘭)이라는 뜻에서 유래된 이름이다. 원예종은 소엽풍란이라고 부르며 나도풍란은 대엽풍란이라 부른다.

풍선난초 *(Calypso bulbosa)* 난초과
♣ 개화기 6~7월

풍선난초는 꽃이 둥근 주머니가 매달린 것처럼 보인 데서 유래된 이름이다. 다른 이름에는 주걱난초, 애기숙갈난초, 풍선란(북한)이 있다.

피나물 *(Hylomecon vernalis)* 양귀비과

♣ 개화기 4~5월

피나물은 줄기를 잘라 보면 피와 비슷한 황적색의 유액이 나오는 데서 유래된 이름이다. 다른 이름에는 노랑매미꽃, 선매미꽃, 매미꽃이 있다.

▲ 하늘나리

하늘나리 *(Lilium concolor)*   백합과

♣ 개화기 6~7월

하늘나리는 '하늘 + 나리' 형태로 이루어진 이름이다. 접두어 하늘은 꽃이 곧추 서(상향으로) 피는 데서 유래되었다는 설과 하늘과 가까운 높은 지역에 자생하는 데서 유래되었다는 설이 있다. 그런데 우리 꽃 이름 중 접두어 하늘은 경우에 따라서 이 두 가지 뜻이 다 쓰이기 때문에 이름만 가지고는 어느 것이 맞는지 구별이 어려우므로 개화특성과 자생지 특성을 조사해 볼 필요가 있다. 개화특성과 자생지를 보면 꽃은 상향으로 피며 자생지는 주로 산지(山地)의 하단이다. 즉 해발고도 500~600m 정도 되는 산지의 중턱에는 솔나리와 섬말나리가, 해발 1,000m 이상의 산지에는 말나리가 분포되어 있는데 비해 하늘나리, 하늘말나리는 주로 산지의 하단에 분포되어 있다. 따라서 하늘나리에서 접두어 하늘은 단지 꽃이 상향으로 피는 것을 나타낸 것이다.

하늘말나리 *(Lilium tsingtauense)*　　　　백합과

♣ 개화기 7~9월

하늘말나리는 말나리의 종류로 꽃이 깔때기 모양으로 곧추 서는 특성에서 유래된 이름이다.

▲ 할미꽃

할미꽃 *(Pulsatilla koreana)*   미나리아재비과

♣ 개화기 4~5월

할미꽃은 꽃의 형태에서 유래된 이름이다. 흰털로 덮인 꽃대가 구부러져 있고 자주색 꽃이 피는데 희고 긴 털로 덮인 꽃받침은 여섯 장이다. 수술과 암술이 많고 새의 깃털 모양으로 퍼진 털이 촘촘하게 나 있는 암술대는 꽃잎이 진 후 4cm 정도로 된 뒤 흰 머리털 같이 익는다. 이 구부러진 꽃대나 열매 모양이 마치 머리가 하얗게 세고 등이 굽은 할머니를 연상시키는데, 이 때문에 멀리 시집 가 사는 손녀 집을 가다가 허기와 추위로 얼어죽은 할머니의 넋으로 피어났다는 전설에서 이름이 유래되었다는 설도 있다. 중국 이름은 백두옹(白頭翁)이다. 이 이름은 중국 당(唐)나라의 소경(蘇敬)이라는 사람이 할미꽃의 과실에 붙은 흰털이 할아버지의 흰 머리카락과 비슷하다고 하여 백두옹이라 이름 붙인 데서 유래된 것이다.

해오라비난초 *(Habenaria radiata)* 난초과

♣ 개화기 7~8월

해오라비난초는 '해오라비 + 난초' 형태로 이루어진 이름이다. 해오라비는 온몸이 희고 목과 다리가 특별히 긴 새인데, 이 식물의 꽃 모양이 해오라비가 하늘을 힘차게 날아가는 형태와 유사하다는 데서 유래된 이름이다. 다른 이름에는 해오래비난초, 해오리란(북한)이 있다.

▲ 홀아비꽃대

헐떡이약풀 *(Tiarella polyphlla)*　　　범의귀과

♣ 개화기 5~6월

헐떡이약풀은 천식을 앓는 이들에게 효과가 있는 약풀로 천식 환자들에게 요긴하게 쓰이는 풀이라는 의미에서 유래된 이름이다. 다른 이름에는 산바위귀, 헐떡이풀, 천식약풀(북한)이 있다.

홀아비꽃대 *(Chloranthus japonicus)*　　　홀아비꽃대과

♣ 개화기 5~6월

홀아비는 아내가 죽고 혼자 사는 사내를 말한다. 이를 차용하여 홀아비김치는 무나 배추 어느 한 가지만으로 담근 김치를 뜻하며, 홀아비꽃대도 꽃대가 하나만 있는 데서 유래된 이름이다. 다른 이름에는 홀애비꽃대, 홀아비꽃대가 있는데 모두 홀아비꽃대에 대한 방언이다. 북한에서는 홀꽃대라고 하는데 이 역시 꽃대가 하나만 있는 데서 유래된 것이다. 일본 이름은 일인정(一人淨)이다.

♣ 다른 이름으로 찾기
♣ 학명으로 찾기

다른 이름으로 찾기

ㄱ

가는각시취 / 18
가는붓꽃 / 138
가락풀 / 51
가새풀 / 203
가시덩굴여뀌 / 84
가시련 / 16
가시모밀 / 84
가시연 / 16
가을가재무릇 / 134
가재무릇 / 105
가재무릇 / 155
가지골나물 / 49
가지나비나물 / 55
가지래기꽃 / 49
가지복수초 / 115
갈구리풀 / 71
개구리망 / 19
개미나물 / 21

개발초 / 170
개연 / 16
거십초 / 170
고깔오랑캐 / 28
고려쑥부쟁이 / 108
고산홍경천 / 100
광대작약 / 94
광릉복주머니란 / 35
괭이눈풀 / 36
괴발딱취 / 67
괴불꽃 / 79
구렁내풀 / 62
구름금잔화 / 39
금강초롱꽃 / 40
금은연 / 153
금은화 / 172
금잔은대 / 142
기생초 / 43
긴잎쥐오줌풀 / 185
길경 / 72

길장구 / 188
길초 / 185
까마귀오줌통 / 25
까치다리 / 149
까치취 / 138
깨풀 / 151
꽃꼬리풀 / 44
꽃무릇 / 134
꽃새애기풀 / 47
꽃수염풀 / 33
꽃장포 / 48
꿀방망이 / 49

ㄴ

나래솜나물 / 18
나도풍란 / 209
나물승마 / 197
나물취 / 193

220

낙지다리풀 /56
낚시여뀌 /91
납작피 /193
낭탕 /94
넓은잎바위솔 /102
넓은잎지붕지기 /102
노랑들콩 /109
노랑매미꽃 /210
노루발 /60
노루풀 /62
노린재풀 /62
놋동이 /93
놋동이풀 /21
눈색이꽃 /115
눈차풀 /190
늦미꾸리낚시 /91
늪바구지 /21

ㄷ

단풍씨름꽃 /66
단풍오랑캐꽃 /66
닭개비 /68

닭의꼬꼬 /68
닭의밑씻개 /68
닭의발씻개 /68
닷꽃 /69
당나귀나물 /54
당약 /146
닻꽃용담 /69
닻꽃풀 /69
대둔산오랑캐 /94
대승마 /197
대암풀 /175
대엽풍란 /209
도둑놈갈구리 /71
도둑쑥부쟁이 /71
독개비부채 /70
독개비사초 /70
독뿌리풀 /94
돌나리 /73
두다결명 /190
두메아편꽃 /77
두메옥잠화 /54
들개미취 /22
들꽃장포 /48
들꽃창포 /48

들별꽃 /23
등모란 /41

ㄹ

란초 /119

ㅁ

매미꽃 /210
매화초 /88
맹이 /123
맹이풀 /123
머구리밥 /20
며느리감나물 /190
며느리주머니꽃 /41
모래별꽃 /111
모련채 /139
무학초 /76
물매화 /88
물봉숭 /90
물봉숭아 /90

물챙이자리 /162
미낭화 /77
미초 /141
미치광이풀 /94
미친풀 /94
민각시취 /18
민둥산제비꽃 /94
민들이풀 /170

ㅂ

바구니 /93
바구니나물 /185
바위비비추 /120
반지꽃 /181
방울새난 /105
방울새난초 /105
배부장이 /188
배암딸기 /106
백두옹 /216
백학선 /161
백합 /191
범의귀풀 /111

벼룩철 /111
별개미취 /108
병아리꽃 /181
복주머니 /25
복주머니난 /25
복주머니난초 /25
복풀 /115
봄마지꽃 /115
봄맞이 /115
봄범의꼬리 /169
봉올나비나물 /55
부시깃나물 /138
부채잎작란화 /35
부평초 /20
북솔석송 /65
북솜다리 /162
분홍이질풀 /170
불알꽃 /25
붉은이질풀 /170
빼부장 /188
뾰족노루귀 /58
뿌리난초 /136
뿌부쟁이 /188
뿔꽃 /37

뿔사초 /70

ㅅ

사간 /110
사광이풀 /85
산광대 /33
산국 /39
산련풀 /45
산망초 /39
산바위귀 /218
산백리향 /105
산양귀비 /77
산촛대승마 /197
산해주머니 /37
삿갓나물 /165
삿갓나물 /128
서수레 /123
석죽 /207
선매미꽃 /210
선용담 /163
설중화 /142
섬개구리망 /19

섬바위떡풀 / 101
섬백리향 / 105
섬사초 / 157
섬승마 / 197
섬용담 / 163
섬촛대승마 / 197
섬향수꽃 / 19
섬향수풀 / 19
성성초 / 112
세신 / 183
소시랑개비 / 152
소엽풍란 / 209
손바닥난 / 136
손뿌리난초 / 136
수레부채 / 70
수련아재비 / 174
수박풀 / 160
수염가래 / 144
수캐자리 / 21
수패랭이꽃 / 145
쉬풀 / 75
쉽싸리풀 / 75
신선초 / 123
실마리꽃 / 145

십자란 / 177
쓴귀물 / 146
씀바기 / 146
씨름꽃 / 181
씨아똥 / 149
씸배나물 / 146

ㅇ

아시아꿩의다리 / 51
알록오랑캐 / 148
암취 / 193
애기노루발 / 60
애기부들 / 117
애기수련 / 17
애기숙갈난초 / 209
애기중나리 / 80
여대 / 91
여름새우난 / 157
여의초 / 181
연앵초 / 151
연자화 / 182
영란 / 169

오랑캐꽃 / 181
오징어다리 / 56
옥비녀 / 161
올챙이풀 / 162
와송 / 102
왕곰취 / 32
왕양지꽃 / 152
외나물꽃 / 181
외대승마 / 197
외순나물 / 160
요강꽃 / 25
육모초 / 171
원일초 / 115
원지 / 112
은댕가리 / 185
음양곽 / 128
의남초 / 167
인동 / 172
일본녹제초 / 60
일본백리향 / 105
일인정 / 218
임모초 / 171

223

ㅈ

자오련 / 141
자원 / 22
자화석산 / 129
자화야국 / 39
작은중나리 / 80
잔털벌노랑이 / 109
장수꽃 / 181
장이나물 / 67
장장포 / 73
젖풀 / 149
제비난 / 182
제비옥잠 / 54
조선국 / 39
조선모련채 / 139
조선바람꽃 / 99
조황련 / 45
족도리 / 183
족두리풀 / 183
좀기생초 / 43
좀단풍취 / 67
좀마름 / 150
좀부들 / 117

좁쌀뱅이 / 111
주걱난초 / 209
주걱잎범의귀 / 111
줄댕가리 / 185
쥐손이풀 / 170
지네난초 / 186
지리산 바위떡풀 / 101
지아비꽃 / 204
지우초 / 160
진돌쩌기풀 / 204
질빵풀 / 122
찢어진 우산 / 165

ㅊ

차전채 / 188
차과로초 / 188
참가시덩굴 / 85
참나비나물 / 55
참동자 / 74
참솜나물 / 18
천식약풀 / 218
청자오랑캐 / 148

초때승마 / 197
초룡담 / 163
초용담 / 163
초우성 / 94
춘란 / 113
취 / 193
취란화 / 151
측금잔화 / 115
층꽃 / 198
층층꽃 / 198
치마난초 / 35
치마풀 / 194

ㅋ

큰거북꼬리 / 27
큰곰취 / 32
큰나비나물 / 55
큰노루오줌 / 62
큰돌꽃 / 100
큰배암딸기 / 106
큰복주머니 / 35
큰부들 / 117

큰산금잔화 / 39

타래꽃무릇 / 105
타래란 / 201
털바위떡풀 / 101
털벌노랑이 / 109
털제비꽃 / 94
털피 / 193

ㅍ

푸른붓꽃 / 182
풀매화 / 88
풍선란 / 209
피안화 / 134

하수선 / 129

하포목단 / 41
함박꽃 / 177
해오라비아재비 / 177
해오래비난초 / 217
해오리란 / 217
향난초 / 182
헐떡이풀 / 218
홀꽃대 / 218
홀아비꽃대 / 218
홀애비꽃대 / 218
홍경천 / 100
홍실뱀딸기 / 106
홑각시취 / 18
화만초 / 41
화창포 / 48
황련 / 45

학명으로 찾기

Aceriphyllum rossii / 73
Achillea alpina / 203
Aconitum jaluense / 204
Adonis amurensis / 115
Ainsliaea acerifolia / 67
Allium victorialis / 123
Androsace umbellata / 115
Anemone narcissiflora / 99
Anemone nikoensis / 162
Aquilegia buergeriana / 83
Arenaria serpyllifolia / 111
Asarum sieboldii / 183
Aster scaber / 192
Aster tataricus / 22
Astilbe rubra / 62

Belamcanda chinensis / 111
Bistorta tenuicaulis / 169
Bletilla striata / 175
Blyxa echinosperma / 162
Boehmeria tricuspis / 27

Calanthe discolor / 132
Calanthe reflexa / 157
Calypso bulbosa / 209
Campanula punctata / 197
Campanula punctata var. *takeshimana* / 135
Carex dickinsii / 70
Carexblepharicarpa var. *insularis* / 157
Caryopteris divaricata / 62
Cassia nomame / 190

Chelidonium majus / 149
Chintonia udensis / 54
Chionographis japonica / 145
Chloranthus japonicus / 218
Chrysanthemum zwadshii var. *lactilobum* / 39
Chrysosplenium grayanum / 36
Cimicifuga japonica / 197
Clematis apiifolia / 122
Clinopodium chinense var. *parviflorum* / 198
Commelina communis / 68
Convallaria keiskei / 169
Corydalis pallida / 37
Cypripedium japinicum / 35
Cypripedium macranthum / 25

Desmodium caudatum / 75
Desmodium oxyphyllum / 71
Dianthus chinensis / 207
Dianthus superbus var. *longicalycinus* / 145
Dicentra spectabilis / 41
Dracocephalum argunense / 164
Drosera rotundifolia / 52
Duchesnea chrysantha / 106

Epimedium koreanum / 128
Erigeron thunbergii / 39
Erythronium japonicum / 155
Euryale ferox / 16

Filipendula formosa / 187
Filipendula glaberrima / 201

G

Galium verum / 137
Gentiana scabra bunge var. *buergerii*

/163
Geranium nepalense /170
Gymnadenia conopsea /136
Gymnaster koraiensis /108

Habenaria linerarifolia /177
Habenaria radiata /217
Halenia corniculata /69
Hanabusaya asiatica /40
Heloniopsis orientalis /194
Hemerocallis fulva /167
Hepatica asiatica /58
Hepatica insularis /130
Heracleum moellendorffii /154
Hosta longipes /120
Hosts plantaginea /161
Hydrocharis dubia /174
Hylomecon vernalis /210
Hypericum ascyron /86

Impatiens textori /90
Iris ensata /48
Iris koreanav /57
Iris lactea /201
Iris laevigata /182
Iris ruthenica /138
Iris sanguinea /119
Ixeris dentata /146

Jeffersonia dubia /45

Lamium album /33
Lathyrus japonicus /26
Leibnitzia anandria /138
Leontopodium coreanum /139
Leontopodium japonicum /162
Leonurus japonicus /171
Lepidium apetalum /64

Ligularia fischeri / 32
Lilium amabile / 202
Lilium callosum / 80
Lilium cernuum / 136
Lilium concolor / 213
Lilium medeoloides / 83
Lilium tigrinum / 191
Lilium tsingtauense / 214
Limnanthemun indica / 153
Lobelia chinensis / 144
Lonicera japonica / 172
Lotus corniculatus / 109
Lychins cognata / 75
Lycopodium chinense / 65
Lycoris koreana / 105
Lycoris radiata / 133
Lycoris squamigera / 129
Lysimachia barystachys / 44

 M

Maianthmum bifolium / 76
Melampyrum roseum / 47

Melandryum firmum / 178

 N

Narcissus tazetta / 142
Nelumbo nucifera / 159
Neofinetia falcata / 208
Nymphaea tetragona / 140
Nymphaea tetragona var. *minima* / 17

 O

Orostachys japonicus / 102

P

Paeonia lactiflora / 177
Papaver radicatum / 77
Paris verticillata / 128
Parnassia palustris / 88
Paspalum thunbergii / 193

Penthorum chinense / 56
Persicaria perfoliata / 85
Persicaria senticosa / 84
Persicaria sieboldii / 91
Phryma leptostachya / 207
Phyllanthus ussuriensis / 158
Picris davurica / 139
Plantago asiatica / 188
Platanthera freynii / 182
Platycodon grandiflorum / 72
Pleuropterus ciliinervis / 54
Pogonia minor / 105
Polygonatum odoratum / 79
Polygonatum stenophyllum / 113
Polygonatum stenophyllum / 197
Potentilla fragarioides / 152
Primula sieboldii / 151
Prunella vulgaris var. lilacina / 49
Pseudostellaria heterophylla / 23
Pteridium aquilinum var. japomcum / 29
Pulsatilla koreana / 216
Pyrola japonica / 60

R

Ranunculus japonicus / 93
Ranunculus sceleratus / 21
Rhodiola rosea / 100
Rodgersia podophylla / 70

S

Sagina japonia / 21
Salomonia oblongifolia / 112
Sanguisorba hakusanensis / 125
Sanguisorba officinalis / 160
Sarcanthus scolopendrifolius / 186
Saururus chinensis / 126
Saussurea pulchella / 18
Saxifraga fortunei var. incisolobata / 101
Saxifraga furumii / 111
Saxifraga stolonifera / 103
Scabiosa mansensis for. pinnata / 195
Scopolia japonica / 94
Scutellaria indica / 30

Sedum kamtschatialm / 43
Semiaquilegia adoxoides / 19
Spiranthes sinensis / 201
Spirodela polyrhiza / 20
Stellaria media / 112
Swertia japonica / 46
Syneilesis palmata / 165

Viola albida for. *takahashii* / 66
Viola mandshurica / 180
Viola phalacrocarpa for. *glaberrima* / 94
Viola rossii / 28
Viola variegata / 148

Taraxacum platycarpum / 96
Thalictrum aquilegifolium / 51
Thymus quinquecostatus / 105
Tiarella polyphlla / 218
Trapa incisa / 150
Trientalis europaea / 43
Typha orientalis / 117

Valeriana fauriei / 185
Vicia unijuga / 55

참고문헌

- Allen J.C, Dictionary of Plant Names, Portland, Timber, 1987.
- 안학수 · 이춘녕 · 박봉현, 한국농식물자원명감, 서울, 일조각, 1982.
- Bill, N, NewYork, Gardner's Latin, 1992.
- 張宏又 · 王勇, 中韓植物名稱辭典, 北京, 科學出版社, 1978.
- 최창렬, 우리말 어원연구, 서울, 일지사, 1987.
- Crane, F.H, Flowers and folklore from far Korea, Tokyo, S.P, 1920.
- 정태현 · 도봉섭 · 이덕봉 · 이미재, 조선식물향명집, 경성, 조선박물연구회, 1937.
- 정태현 · 도봉섭 · 심학진, 조선식물명집, 서울, 조선생물학회, 1949.
- 정태현, 한국식물도감, 서울, 신지사, 1957.
- 정태현, 한국동식물도감 제 5권 식물편, 서울, 문교부, 1970.
- 平嶋義宏, 學名の話, 福岡, 九州大學出版會, 1989.
- 深津正, 植物和名語源新考, 東京, 八坂書房, 1995.
- 深津正, 植物和名の語源, 東京, 八坂書房, 1999.
- 居初庫太, 花の歲時記, 京都, 株式會社淡交社, 1986.
- 조재윤, 물명류고의 연구, 고려대학교 석사학위논문, 1978.
- 김민수, 우리말 어원사전, 서울, 태학사, 1997.
- 近藤浩文, 木の名 · 草の名 : その名の由來, 東京, 保育社, 1980.
- 近藤浩文, 木名, 草名, 保育社, 大阪, 1982.
- 이창복, 우리나라의 식물자원, 서울대학교논문집(농생계) 20 : 89 - 228, 1969.
- 이창복, 대한식물도감, 서울, 향문사, 1980.
- 이일병, 원예식물의 학명 및 한국명 어원에 관한 연구, 원광대학교 박사학위논문, 2002.
- 이우철, 한국식물명고, 서울, 아카데미서적, 1996.
- 리용재 · 황호준, 식물명사전, 평양, 과학백과사전출판사, 1984.

- 임소영, 한국어 식물이름의 언어학적 분석, 상명대학교 박사학위논문, 1996.
- 前川文夫, 植物の名前の話, 東京, 八坂書房, 1998.
- 增淵法之, 日本と中國植物名の比較對照辭典, 東京, 東方書店, 1988.
- 村田, 土名對照滿鮮植物字彙, 東京, 成光館書店, 1932.
- 中村浩, 植物名の由來, 東京, 東京書籍株式會社, 1980.
- 中村浩, 園藝植物名の由來, 東京, 東京書籍株式會社, 1981.
- 中井猛之進, 朝鮮植物, 東京, 成美堂, 1914.
- 박만규, 우리나라식물명감, 서울, 문교부, 1949.
- 박만규, 한국쌍자엽식물지(초본편), 서울, 정음사, 1974.
- 백진주·박천호·박윤점·허북구, 자생식물과 도입 화훼명의 어원 및 유형비교, 한국식물 인간 환경학회지 1(2) : 104 - 114, 1998.
- 노재민, 현대국어 식물명의 어휘론적 연구, 서울대학교 석사학위논문, 1999.
- 서정범, 국어어원사전, 서울, 도서출판보고사, 2001.
- 송도중학교박물실내 생물연구회, 순우리말식물명집, 개성, (불명), 1946.
- 淸水淸, 植物名の話, 東京, 誠文堂新光社, 1978.
- 淸水淸, 植物の名前小事典, 東京, 誠文堂新光社, 1978.
- 淸水淸, 植物名おもしろミニ知識, 東京, 誠文堂新光社, 1986.
- 塚本邦雄, 花名散策, 東京, 株式會社花曜社, 1985.
- 上村登, なんじゃもんじゃ：植物學名の話, 東京, 圖鑑の北陸館, 1976.
- 山田晴美, 園藝植物の學名辭典, 東京, 農業圖書株式會社, 1983.
- 여찬영, 식물명칭어 연구, 한국전통문화연구 7 : 11 - 33, 1991.
- 여찬영, 우리말 식물명칭어의 짜임새 연구, 대구어문론총 15 : 105 - 1, 1997.

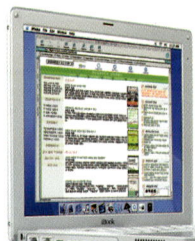

중 앙 생 활 사
중앙경제평론사

Joongang Life Publishing Co./Joongang Economy Publishing Co.

중앙생활사는 건강한 생활, 행복한 삶을 일군다는 신념 아래 설립된 건강·실용서 전문 출판사로 치열한 생존경쟁에 심신이 지친 현대인에게 건강과 생활의 지혜를 주는 책을 발간하고 있습니다.

꼭 알아야 할 한국의 야생화 200

초판 1쇄 발행 | 2008년 5월 30일
초판 4쇄 발행 | 2013년 8월 10일

지은이 | 허북구·박석근(Bukgu Heo·Sukkeun Park)
펴낸이 | 최점옥(Jeomog Choi)
펴낸곳 | 중앙생활사(Joongang Life Publishing Co.)

대 표 | 김용주
편 집 | 한옥수
기 획 | 문희언
디자인 | 김선미
인터넷 | 김회승

출력 | 케이피알   종이 | 타라유통   인쇄 | 삼덕정판사   제본 | 광신제책사

잘못된 책은 바꾸어 드립니다.
가격은 표지 뒷면에 있습니다.

ISBN 978-89-6141-028-1(06480)
ISBN 978-89-6141-026-7(세트)

등록 | 1999년 1월 16일 제2-2730호
주소 | ⓢ100-826 서울시 중구 다산로20길 5(신당4동 340~128) 중앙빌딩 4층
전화 | (02)2253-4463(代) 팩스 | (02)2253-7988
홈페이지 | www.japub.co.kr 이메일 | japub@naver.com | japub21@empas.com
♣ 중앙생활사는 중앙경제평론사·중앙에듀북스와 자매회사입니다.

Copyright ⓒ 2008 by 허북구·박석근
이 책은 중앙생활사가 저작권자와의 계약에 따라 발행한 것이므로 본사의 서면 허락 없이는
어떠한 형태나 수단으로도 이 책의 내용을 이용하지 못합니다.
※ 이 책은《재미있는 우리 꽃 이름의 유래를 찾아서》를 독자들의 요구에 맞춰 새롭게 출간하였습니다.

▶ 홈페이지에서 구입하시면 많은 혜택이 있습니다.

※ 이 도서의 **국립중앙도서관 출판시도서목록(CIP)**은 e-CIP 홈페이지(www.nl.go.kr/cip.php)에서 이용하실 수 있습니다.(CIP제어번호: CIP2008001506)

讀해야 ***實***해지는 한자, 한번에 끝낸다!

현직 한문선생님이 들려주는
한자를 알면 세계가 좁다

교보문고, 영풍문고, 예스24, 인터파크, 알라딘 등 전국 유명 온·오프라인 서점 베스트셀러!

- 김미화 글·그림
- 크라운판 변형(올컬러)
- 800쪽 | 값 28,500원

한(一) 자를 알면 열(十) 자를 알 수 있다!

수능(논술)·한자능력검정(3~8급)·기업체 입사 시험 대비 필수한자 완전정복 길라잡이!

春 來 不 似 春
봄 춘   올 래   아니 불   같을 사   봄 춘

28. 춘래불사춘
직역 : 봄은 왔으나 봄 같지가 않다.
의역 : 따뜻한 봄이 와도 즐길 여유가 없음. 주변 상황은 좋아졌으나 자신은 별로 나아진 것이 없을 때, 혹은 정치적으로 상황이 암울할 때를 비유함.

 여름 하  가을 추  겨울 동

春
봄 춘

너희들 진짜 헷갈려!

奉 奏 秦 泰
1.받들 봉 2.연주할 주 3.진나라 진 4.클 태

ex) 奉仕(봉사) 演奏(연주) 始皇帝(진시황제) 泰山(태산)

이 한자는 앞에 서 뺐다!

위에 나온 한자어 때문에 목숨이 붙어 있다고 봐도 과언이 아니다. 활용할 만한 다른 한자어가 거의 없으니 위의 한자어로 묶어서 외우자.

누구나 꼭 알아야 할 필수한자 2000!

〈한자를 알면 세계가 좁다〉의 저자가 알려주는
아주 色다른 한자공부!

 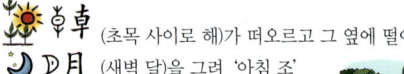
(초목 사이로 해)가 떠오르고 그 옆에 떨어지는
(새벽 달)을 그려 '아침 조'

朝夕 조석   朝刊 조간   朝會 조회   朝鮮 조선   朝餐 조찬

 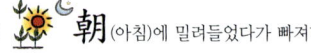
(바닷물이) (아침)에 밀려들었다가 빠져나
가는 조수에서 시대의 흐름을 뜻하는 '조수 조'
潮水 조수   潮流 조류   赤潮 적조   退潮 퇴조   風潮 풍조   思潮 사조

그림으로 쉽게 배우는
한자 비타민 2000

수능(논술),
한자능력검정,
입사·승진
완벽 대비서!

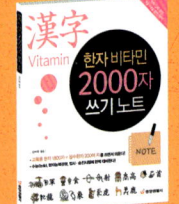 +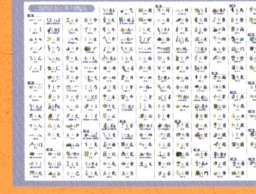

■ 김미화 글·그림
■ 크라운판 변형(올컬러) | 464쪽 | 값 25,000원

〈한자 비타민 2000자 쓰기 노트〉 + 〈그림으로 보는 부수 일람표〉 **특별증정**